ジンドゥー
Jimdoで
はじめての
ホームページ
制作 | 2023年版

相澤裕介◉著　（株）KDDI ウェブコミュニケーションズ◉監修

▶ はじめに

　近年、インターネットを使った情報発信として真っ先に思い浮かべるのは、Twitterや Instagramなどの SNSかもしれません。では、SNSがあれば「ホームページ（Webサイト）はなくても大丈夫」といえるでしょうか？

　ここでは、飲食店を例にして考えてみましょう。「本日のおすすめ」や「割引キャンペーン」などの最新情報を伝える手段として、SNSは非常に効果的なツールといえます。でも、これらの情報を受け取れるのは、そのお店をフォローしてくれている常連客だけです。初めてお店を訪問しようとしている人には、たぶん、届きません……。

　仮に情報が届いたとしても、そういった人々が求めているのは「本日のおすすめ」ではなく、まずは通常のメニュー（価格）を知りたい、お店の雰囲気を見てみたい、営業時間やアクセス方法、予約方法などの基本的な情報を知りたい、といったケースが多いと考えられます。SNSでは、これらの情報を効率よく探すことができません。このような場合は、やはりホームページのほうが役に立つと考えられます。

　普段からインターネットを使っている方なら、前述したような話は身に染みて実感していると思われます。よって、「いつかはホームページを作成しないと……」と考えている方も沢山いるでしょう。でも、「なかなか実行できない……」というのが実情かもしれません。その理由は、ホームページは SNSほど簡単に作成できないからです。

　ホームページを作成するには、Webサーバーを確保し、ページの内容を HTMLや CSSで記述していく必要があります。これらの作業を業者に頼むことも可能ですが、それなりの出費を求められます。SNSのように「スマホひとつで」という訳にはいきません。

　このような場合にぜひ活用したいのが、本書で紹介するジンドゥー（Jimdo）です。ジンドゥーを使うと、誰でも、無料で、ホームページを作成できるようになります。HTMLや CSSを勉強する必要はありません。Webサーバーを用意したり、専用のアプリを用意したりする必要もありません。Wordで文書を作成するときと同じような感覚で、すぐにホームページを作成できます。

　2023年4月時点で、ジンドゥーを使って作成されたホームページ（Webサイト）は世界中に 3,200万以上もあり、すでに多くの方がジンドゥーを利用しています。本書との出会いをきっかけに、貴方のホームページ作成が成功することを願っています。

相澤 裕介

Chapter 3 ホームページのコンテンツを作成する！　063

Chapter 5　ホームページのスタイルと設定　175

Chapter 1

ジンドゥー（Jimdo）で
ホームページを作成しよう！

ジンドゥー（Jimdo）は誰でも手軽にホームページを作成できるサービスです。HTMLの知識がない初心者の方でも問題なく利用できます。まずは、ジンドゥーの概要、アカウント登録の手順、ホームページの作成開始について解説していきます。

1.1 ホームページの必要性

最初に、SNSとホームページの役割の違いを説明しておきます。また、ジンドゥー（Jimdo）の概要についても簡単に紹介しておきます。

1.1.1 SNSとホームページの役割

　本書の冒頭にある「はじめに」でも述べたように、**SNSとホームページは本質的な役割が異なるツール**と考えられます。

　TwitterやInstagramに代表されるSNSは、最新の情報を伝える（拡散する）ことに特化したツールです。別の言い方をすると、**「発信者」が伝えたいことを自分本位に発信するツール**ともいえるでしょう。そして、上手くいくと、その情報が拡散されて大きな話題を呼ぶことになります。

　一方、**ホームページ（Webサイト）の主体は「訪問者」にある**と考えられます。GoogleやYahoo!などの検索サイトを経由して、各自が知りたい情報を探しにやって来る。それがホームページの役割です。SNSに比べると受け身の情報発信といえますが、訪問者にとっての有益度は高いと考えられます。というのも、SNSのように勝手に降ってくる情報ではなく、**自ら求めて手に入れる情報**となるからです。

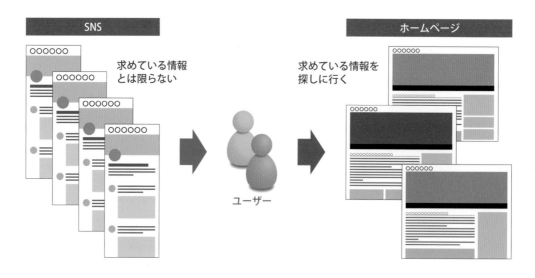

　あまり難しい話をしても何なので、具体的な例を紹介していきましょう。北海道の旭川市に「旭山動物園」という有名な動物園があります。この動物園では、TwitterやInstagram、FacebookといったSNSだけでなく、ホームページでも情報を発信しています。

　SNSに掲載されている情報は、どれもだいたい同じで、キリンやカバなど、さまざまな動物の現在の様子が動画や写真で紹介されています。旭山動物園をよく訪れる人、動物好きの人にとっては、見ているだけでも楽しめるコンテンツといえるでしょう。

旭山動物園の公式Twitter（@asahiyamazoo1）

　一方、ホームページには、総合案内や施設紹介、開園期間・時間、入園料、地図・アクセスなどの情報が掲載されています。こちらは「旭山動物園に行きたい！」という方に向けた情報が中心です。

旭山動物園のホームページ
https://www.city.asahikawa.hokkaido.jp/asahiyamazoo/

　このように「SNS」と「ホームページ」に求められる役割は異なります。「どちらか一方があれば十分」というものではありません。どちらも大切な情報発信ツールです。

これは、会社や団体、個人といった**規模に関わる問題ではありません。**「ウチは規模が小さいからSNSだけでも大丈夫……」とはなりません。ホームページでしか伝えられない情報がある、ということを認識しておく必要があります。

1.1.2　誰でもホームページを作成できるジンドゥー

　ホームページを作成しようとするときに、大きな障壁となるのが「Webサーバー」と「HTML、CSSの知識」です。インターネットにホームページを公開するには、あらかじめ**Web**サーバーを確保（レンタル）しておく必要があります。さらに、**HTML**と**CSS**で各ページの内容を記述していく作業も必要になります。これらは、初心者にとって困難な課題となるかもしれません。

　そこで、前述した障壁を排除して、**誰でも手軽にホームページを作成できる**ようにしたサービスが**ジンドゥー（Jimdo）**です。ジンドゥーを使えば、HTMLやCSSを知らない初心者の方でも自由自在にホームページを作成できます。自分でWebサーバーを用意する必要もありません。

ジンドゥーの編集画面の例（クリエイター）

　ChromeやFirefox、Edge、Safariといった、皆さんが普段から利用している**Webブラウザ**だけでホームページを作成できるのもジンドゥーの魅力です。ホームページを作成するにあたって特別なアプリを用意する必要はありません。

　そのほか、**フォトギャラリー**を掲載する、**Google**マップ（地図）を配置する、**YouTube動画**を埋め込む、**掲示板**や**お問い合わせフォーム**を設置する、といったホームページを盛り上げるコンテンツも手軽に作成できます。実際に使ってみれば、**初心者の方でも問題なく作業を進められる**ということを実感できるでしょう。

「フォトギャラリー」の編集ツール（クリエイター）

1.1.3 「AIビルダー」と「クリエイター」

　ジンドゥーには、「ジンドゥー AIビルダー」と「ジンドゥークリエイター」という2つのホームページ作成サービスが用意されています。これらのうち、**本書では「ジンドゥークリエイター」**の使い方を解説していきます。

　「**ジンドゥークリエイター**」は、"こだわり"を持ってホームページを作成したい方に向けたサービスです。自分でパーツを配置しながらコンテンツを組み上げていくため、自在にホームページをカスタマイズすることが可能です。

　もう一方の「**ジンドゥー AIビルダー**」は、いくつかの質問に答えるだけでAI（人工知能）が自動的にホームページを作成してくれるサービスです。「とにかく短時間でホームページを開設したい」という方に向けたサービスです。気になる方は、こちらも試してみるとよいでしょう。

■「ジンドゥー AIビルダー」を使ったホームページの作成イメージ

1.2 クリエイターのプラン

ジンドゥークリエイターには5種類のプランが用意されています。続いては、無料プランと有料プランの違いなどを簡単に紹介していきます。

1.2.1 クリエイターのプランは5種類

ジンドゥークリエイターには、5種類のプランが用意されています。このうちFREEプランは無料（0円）で利用できるサービスとなります。他の4つのプランは有料サービスで、それぞれ以下の図に示した価格で提供されています。

ジンドゥークリエイターに用意されているプラン（2023年4月時点）

これらのプランは「ホームページの作成を開始するとき」に選択する仕組みになっています。初めてホームページを作成する方は、とりあえず無料のFREEプランを試してみるとよいでしょう。

無料サービスと聞くと、『本格的なホームページを作成できないのでは……』と不安を感じる方もいるかもしれません。でも、安心してください。一般的な用途であれば、無料のFREEプランでも十分なホームページ作成機能を備えています。

1.2.2 各プランの違い

では、それぞれのプランは何が違うのでしょうか？　これについては、ジンドゥーの公式サイトで「プラン」の紹介ページを見ると確認できます。初心者には理解しづらい項目もあるので、主な違いを簡単にまとめておきましょう。

プランの紹介ページ
https://www.jimdo.com/jp/pricing/creator/

■各プランの比較（抜粋）

プラン	PLATINUM	SEO PLUS	BUSINESS	PRO	FREE
帯域幅	無制限	無制限	無制限	5GB	2GB
サーバー容量	無制限	無制限	無制限	5GB	500MB
独自ドメイン	○	○	○	○	×
サポート	○	○	○	○	×
アクセス解析	○	○	○	○	×
サブページのタイトル・説明	○	○	○	○	×

　帯域幅は「一度に送信できるデータ量」、サーバー容量は「ファイル容量の合計」を示しています。FREEプランの帯域幅は2GB、サーバー容量は500MBしかありませんが、画像や動画を大量に掲載しないのであれば、必要十分な数値と考えられます。

　独自ドメインは、ホームページのURLに関わる項目です。「https://xxxxx.com/」のように自分の好きな名前のURLにしたい場合は、PRO以上のプランを契約する必要があります。FREEプランの場合は、「https://（各自の好きな文字）.jimdofree.com/」のURLしか使えません。

　そのほか、アクセス解析、サブページのタイトル・説明など、SEOを強化できるのもPROプラン以上の利点といえます。

　プランのアップグレードはいつでも行えるので、まずはFREEプランでジンドゥーを試してみてください。FREEプランでも十分に使えることを実感できると思います。そのうえで、独自ドメインが欲しくなったときなどに、プランのアップグレードを検討してみるとよいでしょう。

　なお、ネット上で商品を販売する「本格的なECサイト」を作成する場合は、BUSINESS以上のプランを契約するのが基本となります。

1.3 アカウントの登録

ここからは、ジンドゥーの具体的な使い方を解説していきます。まず最初に、ジンドゥーにアカウント登録するときの操作手順を解説します。

1.3.1 アカウント登録の手順

ジンドゥーを利用するには、最初に**アカウント登録**を済ませておく必要があります。以下の手順で登録を行い、続けて「練習用のホームページ」を作成してみてください。

1 「Google Chrome」などのWebブラウザを起動し、「https://www.jimdo.com/jp/」のURLへ移動します。
　　※「ジンドゥー」や「jimdo」のキーワードでネット検索しても構いません。

2 ジンドゥーの公式サイトが表示されるので、「無料で試してみる」をクリックします。

3 続いて、登録方法を選択します。ここでは「メールアドレス」で登録する方法を紹介します。

■ ソーシャルログインの活用 | Coulmn

　GoogleやFacebook、Appleのアカウントを所有している方は、これらのサービスと連携して登録することも可能です。この場合は、画面の指示に従って作業を進めてください。

4 自分のメールアドレスを入力し、パスワードを設定します。このパスワードはジンドゥーにログインするときに必要になります。忘れないように注意してください。

■ 設定可能なパスワード | Coulmn

　アルファベットの大文字/小文字を混在させた、8文字以上のパスワードを設定します。また、1文字以上の「数字」と「記号」を混ぜておく必要もあります。

5 「利用規約」と「プライバシーポリシー」のリンクをクリックして内容を確認し、チェックボックスをONにします。その後、「アカウント登録をする」をクリックします。

6 先ほど入力したメールアドレス宛にメールが送信されます。

7 "Jimdo"から上図のようなメールが届きます。このメール内にある「確定する」をクリックします。

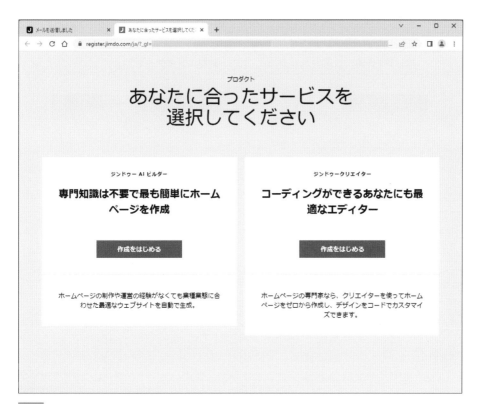

8 このような画面がWebブラウザに表示されます。

これでアカウント登録は完了です。続けて、ホームページの作成を開始していきます。

1.4 ホームページの作成開始

アカウント登録が済んだら、さっそくホームページを作成してみましょう。続いては、ホームページを作成するときの操作手順を解説します。

1.4.1 ホームページの作成手順

メールアドレスの確定が済むと、ホームページの作成を開始する画面が表示されます。初めてホームページを作成するときは、とりあえず「**練習用のホームページ**」を作成してみるとよいでしょう。以下の手順で操作を進めていきます。

1 本書では「ジンドゥークリエイター」を使ってホームページを作成します。「ジンドゥークリエイター」の項目にある「作成をはじめる」をクリックします。

2 ホームページの分類を指定する画面が表示されるので、最も適した分類を選択し、「次へ」をクリックします。

3 ホームページのレイアウトが一覧表示されます。この中から好きなレイアウトを探します。

4 好きなレイアウトが見つかったら、その上にマウスを移動し、「このレ・イアウトにする」をクリックします。

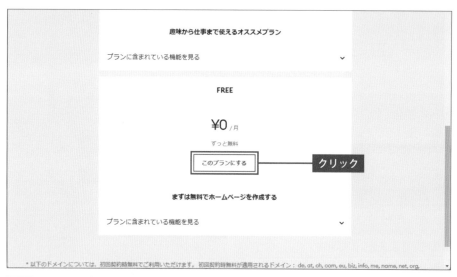

5 続いて、プランを選択します。「FREE」プランの項目にある「このプランにする」を
クリックします。

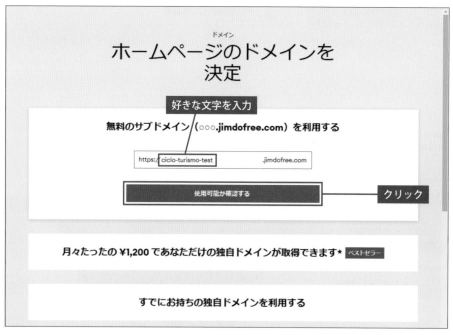

6 次は「ドメイン名」（URLの一部）を指定します。「無料のサブドメイン…」の項目
にあるURL欄に好きな文字を入力し、「使用可能か確認する」をクリックします。

※「練習用のホームページ」を作成するときは、「正式なホームページ」に使用する
URLではなく、testなどの文字を含めた適当なURLを入力してください。

■ドメイン名に指定できる文字　　　　　　　　　　　　　　　 │ Coulmn

　　ドメイン名（URLの一部）は、3文字以上、30文字以内の半角英数字で指定します。指定
可能な文字は、半角の英字（a〜z）、数字（0〜9）、「-」（ハイフン）だけです。それ以外の
記号や日本語（全角文字）を指定することはできません。

無料のサブドメイン（○○○.jimdofree.com）を利用する

https:// ciclo-turismo-test　　　　　.jimdofree.com

無料ホームページを作成する　　　　　　　　　クリック

月々たったの ¥1,200 であなただけの独自ドメインが取得できます＊ ベストセラー

7 ドメイン名が使用可能なときは「無料ホームページを作成する」と表示されるので、このボタンをクリックします。

■ **ドメイン名は早い者勝ち** | Coulmn

「このホームページアドレスは既に使用されています。他のホームページアドレスを入力してください。」と表示された場合は、そのドメイン名を使用できません。別の文字に変更してから「使用可能か確認する」をクリックしてください。

8 少し待つとホームページが作成され、ホームページの編集画面が表示されます。

　続いて、ホームページの編集作業に進んでも構いませんが、その前にいちどジンドゥーの基本操作を学んでおきましょう。Webブラウザの右上にある ✕ をクリックして、Webブラウザを終了します。

続いては、ジンドゥーにログインしたり、ホームページの管理画面（ダッシュボード）を表示したりするときの操作手順を紹介します。

1.5.1 ジンドゥーにログインする

　ホームページを編集したり、管理したりするときは、ジンドゥーに**ログイン**しておく必要があります。ジンドゥーにログインするときは、以下のように操作します。

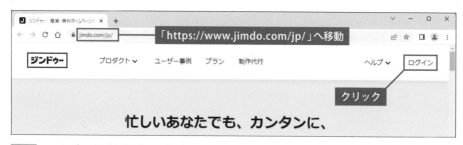

1 Webブラウザを起動し、「ジンドゥー」の公式サイトを開きます。画面右上に「ログイン」と表示された場合は、ここをクリックしてログイン画面へ移動します。

■ 自動的にログインされている場合 | Coulmn

　自動ログインされた状態でジンドゥーの公式サイトが表示される場合もあります。画面の右上に **J** のアイコンが表示されている場合は、P18へ進んでください。

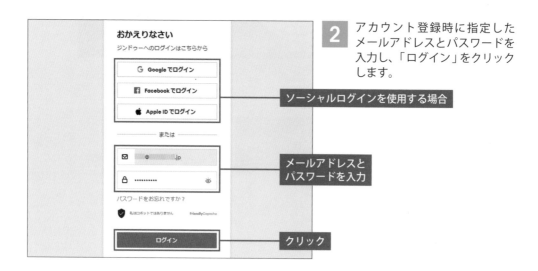

2 アカウント登録時に指定したメールアドレスとパスワードを入力し、「ログイン」をクリックします。

　正しくログインできると、画面に**ダッシュボード**が表示されます（P18〜19参照）。

「ジンドゥー」にログインできない場合は、入力した「メールアドレス」または「パスワード」に間違いがあると考えられます。以下の方法で対処するようにしてください。

■ パスワードの再設定

パスワードを忘れてしまった場合は、以下のように操作すると「新しいパスワード」を再設定できます（以降は、新しいパスワードでログインします）。

① 「パスワードをお忘れですか？」をクリックします。
② 自分のメールアドレスを入力し、「パスワードを再設定する」をクリックします。
③ "Jimdo"からメールが届くので、メールを開いて「パスワードを再設定」をクリックします。
④ Webブラウザにパスワードの再設定画面が表示されます。ここに新しいパスワードを入力し、「パスワードを変更する」をクリックします。

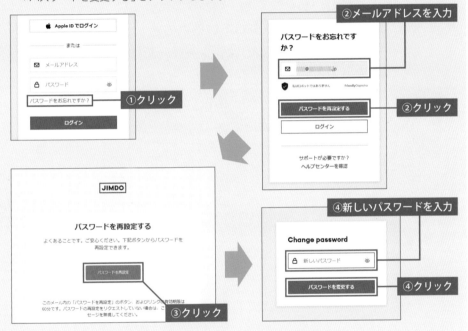

■ Webブラウザのパスワード自動入力機能

Webブラウザの自動入力機能に「古いパスワード」が残っているため、正しくログインできない場合もあります。この場合は「自動入力の設定」を削除しておく必要があります。Google Chormeの場合、以下のように操作すると「自動入力の設定」を削除できます。

① 画面右上にある⋮をクリックし、「設定」を選択します。
② 「自動入力」を選択し、「パスワード マネージャー」をクリックします。
③ 「保存したパスワード」の一覧から「……jimdo.com」の項目を探し出してクリックします。
④ 登録されている情報を確認し、［削除］ボタンします。

1 ジンドゥー（Jimdo）でホームページを作成しよう！

　画面の右上に  のアイコンが表示されている場合は、Webブラウザの自動入力機能により、ログインした状態でジンドゥーの公式サイトが表示されています。この場合は、以下のように操作して「ホームページの管理画面」へ移動します。

1 ■をクリックして「ダッシュボード」を選択します。

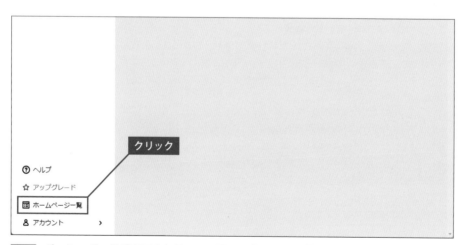

2 ダッシュボードが表示されるので、画面の左下にある「ホームページ一覧」をクリックします。

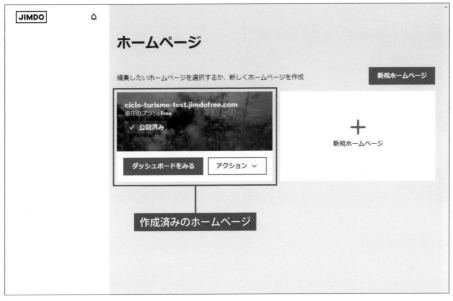

3 「ホームページ一覧」が表示されます。ここに作成済みのホームページが一覧表示されます。

■ ウィンドウ幅と画面の表示 | Coulmn

　Webブラウザのウィンドウ幅が狭いときは、以下のようなレイアウトでダッシュボードが表示される場合もあります。この場合は「メニュー」をクリックすると、「ホームページ一覧」などの項目を表示できます。

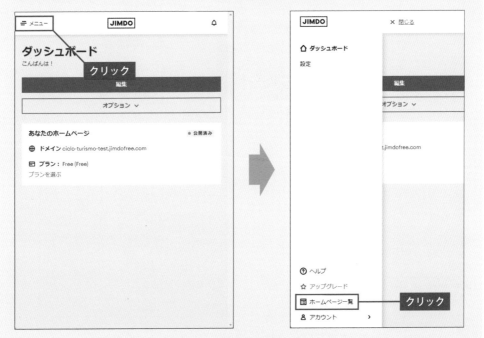

　なお、ウィンドウ幅が狭いと、ホームページを編集しづらくなるケースもあります。可能であれば、ウィンドウ幅を大きくしてから編集作業を進めるようにしてください。

続いては、「ホームページ一覧」の使い方を解説します。この画面では、ホームページの追加、削除などの操作を行えます。

1.6.1 新しいホームページの作成

ジンドゥーは、1つのアカウントで複数のホームページを作成・管理できます。このため、とりあえず「練習用のホームページ」を作成して操作方法を学び、そのあと「正式なホームページ」を作成する、といった使い方も可能です。

アカウント登録時に「練習用のホームページ」を作成した方は、そのホームページを使って編集作業の操作手順などを学習するとよいでしょう。その後、以下のように操作すると「正式なホームページ」を作成（追加）できます。もちろん、同様の手順で、まったく別の新しいホームページを作成することも可能です。

1 「ホームページ一覧」を表示し、「新規ホームページ」をクリックします。

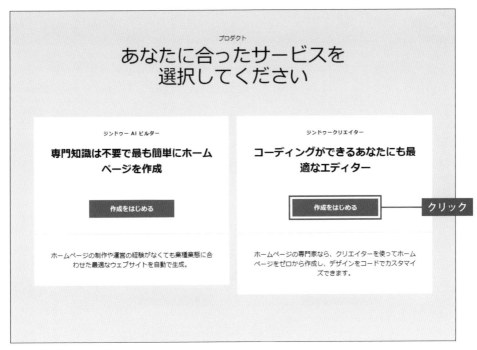

2 ホームページの作成を開始する画面が表示されます。「ジンドゥークリエイター」の項目にある「作成をはじめる」をクリックします。

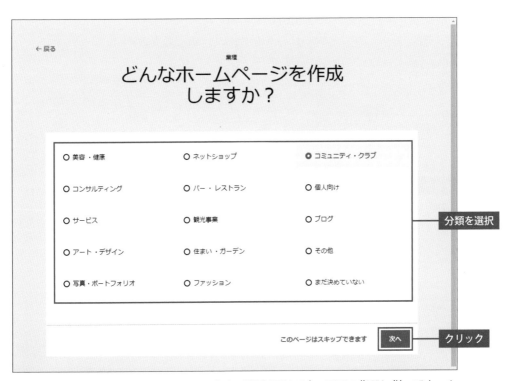

3 以降の操作手順は、P12〜15に示した手順と同じです。画面の指示に従ってホームページの作成を進めていきます。

1.6.2 ホームページの削除

　続いては、不要になった**ホームページを削除**する方法を紹介しておきます。いつまでも「練習用のホームページ」を残しておくと混乱の原因になるので、練習が済んだ時点で速やかに削除するようにしてください。

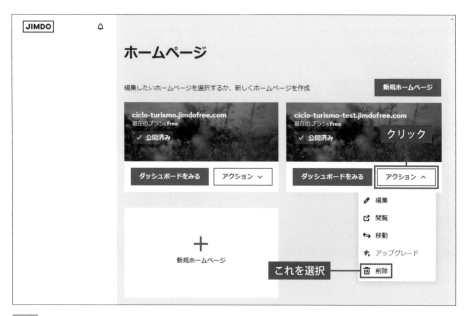

1 削除するホームページの「アクション」をクリックし、「削除」を選択します。

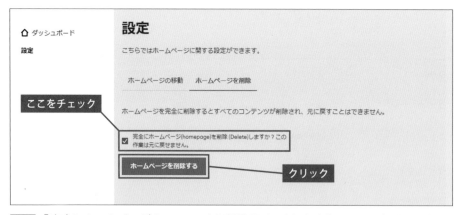

2 「完全にホームページ(homepage)を削除(Delete)しますか？……」をチェックし、「ホームページを削除する」をクリックすると、ホームページを削除できます。

■ 削除したホームページは復元できない | Coulmn

　上記の手順で削除したホームページを復元することはできません。「練習用のホームページ」と「正式なホームページ」が混在している場合は、削除するホームページを間違えないように十分に注意しながら作業を進めてください。

Chapter 2

ホームページの
基本構成を作成する

ここからは、作成したホームページを編集するときの
操作手順を解説していきます。第2章では、レイアウト、
タイトル、メニュー、背景画像などの編集方法を解説し
ます。

2.1 編集画面とプレビュー

最初に、ホームページの編集画面を表示する方法と、実際にホームページが閲覧
されたときのイメージを確認する「プレビュー」の使い方を解説しておきます。

2.1.1 編集画面の表示

ホームページの編集を開始するときは、以下のように操作します。

1 「ホームページ一覧」を表示します。続いて、編集するホームページの「アクション」
をクリックし、「編集」を選択します。

2 少し待つと、ホームページの編集画面が表示されます。

ジンドゥークリエイターの特長は、「実際にホームページを閲覧したとき」と同じような感覚で編集作業を進められること。このため、初心者の方でも、すぐにホームページの編集方法を覚えられると思います。

　ただし、「実際にホームページを閲覧したとき」と完全に同じ動作になっている訳ではありません。たとえば、画像の上にマウスを移動すると、その画像の**編集ツール**が表示されます。また、画面の上部には、**管理メニュー**などを表示する領域が設けられています。

ホームページの編集画面

2.1.2　ホームページのプレビュー

　「実際にホームページを閲覧したとき」により近い形で表示を確認したいときは、画面モードを**プレビュー**に切り替えます。この操作は、画面の右上にある￤をクリックすると実行できます。

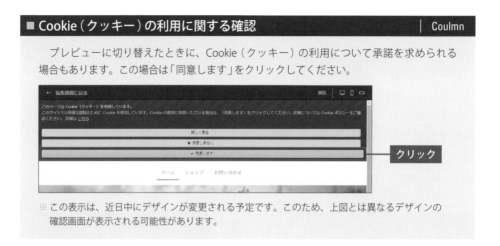
　画面モードをプレビューに切り替えると、訪問者が「実際にホームページを閲覧した
とき」と同じ環境でホームページの表示（動作）を確認できるようになります。画像など
の上にマウスを移動しても、編集ツールは表示されません。

画面モードをプレビューに切り替えた場合

　スマートフォンでホームページを閲覧したときのイメージも確認できます。これらの
表示は、画面右上にある3つのアイコンで切り替えます。

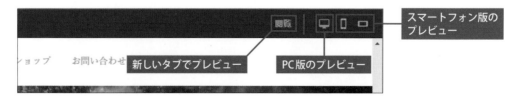

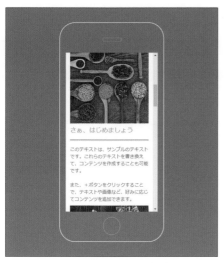

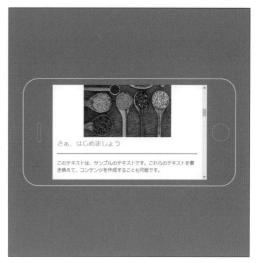

スマートフォン版のプレビュー（縦）　　　　　スマートフォン版のプレビュー（横）

　3つのアイコンの左に表示されている「**閲覧**」の文字をクリックすると、**新しいタブに**プレビューを表示できます。この場合は、訪問者が「実際にホームページを閲覧したとき」と全く同じ環境でホームページの様子（動作）を確認できます。

「新しいタブ」にプレビューが表示される
※確認後、タブを閉じて元の画面に戻る

新しいタブにプレビューを表示した様子

なお、プレビューを終了して「ホームページの編集画面」に戻るときは、画面左上にある「編集画面に戻る」をクリックします。

2.1.3 ▶ ダッシュボードに戻るには？

　念のため、ホームページの編集作業を終了して**ダッシュボードに戻る**ときの操作手順も紹介しておきます。ダッシュボードの画面に戻るときは、以下のように操作します。

2.2 レイアウトの変更

ホームページの作成時に選択したレイアウトを「別のレイアウト」に変更することも可能です。続いては、レイアウトを変更するときの操作手順を解説します。

2.2.1 レイアウトの変更

　最初は、ホームページの編集画面に「**サンプルのホームページ**」が表示されています。このホームページをカスタマイズしていくことで、「自分のホームページ」に仕上げていきます。ただし、ホームページを編集する時点になって「別のレイアウトを選択しておけばよかった……」と思いなおすケースもあるでしょう。

　このような場合は以下のように操作すると、ホームページの**レイアウト**を変更できます。レイアウトの変更はいつでも好きなときに実行できるので、ある程度、ホームページを編集した後に「レイアウトの変更」を試してみることも可能です。

1 ホームページの編集画面を表示し、画面の左上にある「管理メニュー」をクリックします。

2 管理メニューが表示されるので、「デザイン」→「レイアウト」を選択します。

3 画面上部に「レイアウトの一覧」が表示されます。好きなレイアウトの上へマウスを移動し、「プレビュー」をクリックします。

4 ホームページのレイアウトが変更されるので、ページ全体のイメージを確認します。

■ 背景の画像について | Coulmn

ホームページの「レイアウト」と「背景」は、それぞれ個別に指定する仕組みになっています。このため、レイアウトを変更しても背景画像は変更されません。ホームページの作成時に選択したレイアウトに背景画像が含まれていなかった場合は、背景（タイトル部分の画像）が空白の状態でレイアウト変更が行われます。なお、背景の指定方法についてはP55～62で詳しく解説します。

変更後のレイアウトをそのまま採用する場合は、「**保存**」をクリックします。変更後の
レイアウトが気に入らなかった場合は、「**保存**」をクリックしないで、別のレイアウトを
指定しなおしても構いません。

　ホームページのレイアウトは「**保存**」をクリックした時点で確定される仕組みになっ
ています。このため、気に入ったデザインが見つかるまで何回でもレイアウトの変更を
試してみることが可能です。また、途中で「**やり直す**」をクリックすると、変更前のレ
イアウトに戻すことができます。

　レイアウトの変更作業を終えるときは、右上にある ✕ をクリックします。すると、
「レイアウトの一覧」が消去され、通常のホームページの編集画面に戻ります。

2.2.2 ▶ プリセットの活用

　各レイアウトの配色などを変化させた**プリセット**も用意されています。プリセットを
表示するときは、レイアウトの上へマウスを移動したあと  をクリックします。

　もちろん、プリセットをホームページのレイアウトとして採用することも可能です。
この操作手順は、前ページに示した手順と同じで。

■ スマートフォン版の表示確認　　　　　　　　　　　　　　　| Coulmn

　レイアウトを変更するときは、スマートフォンで閲覧した場合のイメージも確認しておくとよい
でしょう。画面の表示モードは、右上にある3つのアイコンをクリックすると切り替えられます。

2.3 タイトル文字とロゴ画像

続いては、ホームページの内容にあわせて「タイトル文字」と「ロゴ画像」を編集するときの操作手順を解説します。

2.3.1 タイトル文字の入力

作成したホームページに「ページタイトル」や「ホームページタイトル」といった領域が用意されている場合もあります。この領域には、ホームページのタイトル（サイト名）を入力します。ホームページの**タイトル文字**を変更するときは、以下のように操作します。

1 ホームページの編集画面を表示し、ホームページのタイトル文字（または「ページタイトル」と記されている領域）をクリックします。

■「ページタイトル」のないレイアウト | Coulmn

「ページタイトル」の領域が用意されていないレイアウトもあります。この場合は、文字ではなく「ロゴ画像」でホームページのタイトルを指定します（P37～39参照）。文字でタイトルを指定したい場合は、タイトル文字の領域が用意されているレイアウトを選択するようにしてください。

2 キーボードを使って「ホームページのタイトル文字」を入力します。その後、「保存」
をクリックします。

■ 編集作業のキャンセル | Coulmn

　タイトル文字の変更をキャンセルするときは、「保存しない」をクリックし、続けて「確定」
をクリックします。

3 ホームページのタイトル文字が変更されます。

2.3.2　タイトル文字のスタイル

　先ほど入力した文字の書式（文字サイズやフォントなど）を変更したい場合もあるで
しょう。この場合は、以下のように操作して**スタイル**を変更します。

1 「管理メニュー」をクリックし、「デザイン」→「スタイル」を選択します。

2 詳細設定を「オン」にします。マウスポインタの形状が [T] になるので、「タイトル文字の領域」をクリックします。

3 画面上部にツールバーが表示されるので、ここで文字の書式を指定します。文字の書式を指定できたら「保存」をクリックします。

4 [×] をクリックしてスタイルの変更を終了します。

なお、タイトル文字の書式を指定するツールバーには、以下のような書式が用意されています。

　タイトル文字の文字サイズを変更できないときは、Webブラウザのウィンドウ幅を広くしてみてください。Webブラウザのウィンドウ幅が十分に広くないと、モバイル（タブレット）向けのホームページ表示になり、タイトル文字の文字サイズが固定化されている可能性があります。

■モバイル向けのホームページ表示

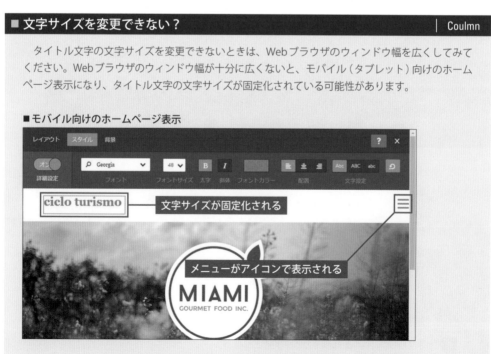

2.3.3 ▶ ロゴ画像の編集

選択したレイアウトに「**ロゴ画像**」の領域（ロゴエリア）が用意されている場合もあります。この場合は、以下のように操作してロゴ画像の差し替えを行います。

1 ホームページに表示されている「ロゴ画像」の領域をクリックします。

2 このような編集ツールが表示されるので、「アップロード」アイコンをクリックします。

3 ロゴ画像として使用するファイルを選択し、［開く］ボタンをクリックします。

4 ロゴ画像が差し替えられるので、■や■をクリックして画像のサイズを調整します。画像の右下にある○をドラッグしてサイズを調整することも可能です。

5 続いて、ロゴ画像の配置（左揃え／中央揃え／右揃え）を指定します。配置を指定できたら「保存」をクリックします。

ロゴ画像が表示される

6 ロゴ画像の編集作業が終了し、ホームページにロゴ画像が表示されます。

　なお、ロゴ画像を用意していない場合は、以下のように操作して「サンプルのロゴ画像」を削除しておきます。

クリック

1 ロゴ画像の上にマウスを移動し、🗑をクリックします。続いて、「はい、削除します」をクリックします。

ロゴ画像が削除される

Jimdoへようこそ！

2 ロゴ画像が削除されます。

2.4 メニューの編集

続いては、ホームページのメニューを編集していきます。作成するホームページの内容にあわせてメニューの構成を修正しておいてください。

2.4.1 ▶ メニューの表示

サンプルとして自動作成されたホームページには、「ホーム」、「サービス」、「作品」、「ショップ」、「お問い合わせ」などのメニューが並んでいます。続いては、これらのメニューを自分のホームページにあわせて修正していくときの操作手順を解説します。

なお、Webブラウザのウィンドウ幅が十分に広くないときは、メニューが ≡ のアイコンで表示される場合もあります。この場合は、ウィンドウ幅を広くすると、メニューを表示できます。ただし、一部、例外もあります。

たとえば、以下に示したレイアウトの場合、ウィンドウ幅に関係なくメニューは常に
☰で表示されます。このような場合は、☰をクリックするとメニューを表示できます。

2.4.2 メニューの編集ツールの表示

それでは、メニューを編集するときの操作手順を解説していきましょう。メニューの
上にマウスを移動すると、「ナビゲーションの編集」が表示されます。これをクリックす
ると「メニューの編集ツール」を表示できます。

　まずは、メニューの文字を変更するときの操作手順から解説していきます。メニューの文字を変更するときは、以下のように操作します。

1 メニューの編集ツールを表示し、変更する文字をドラッグして選択します。

2 変更後の文字を入力し、「保存」をクリックします。

3 文字の変更が確定され、メニューの文字が変更されます。

2.4.4 ▶ メニューの追加

新しいメニューを追加することも可能です。この場合は、編集ツール内にある ➕ を
クリックします。

1 メニューの編集ツールを表示し、➕ をクリックします。

2 ➕ をクリックしたメニューの下に「新規ページ」が追加されます。

2 「新規ページ」の文字をホームページの内容にあわせて変更し、「保存」を
クリックします。

4 追加したメニューがホームページに表示されます。

2.4.5 　メニューの削除

　続いては、メニューを削除する方法を解説します。不要なメニューを削除するときは、そのメニューの右にある 🗑 (このページを削除) をクリックし、続けて「はい、削除します」をクリックします。

メニューを並べる順番を変更することも可能です。この場合は、メニューの編集ツールにある ^ や v をクリックします。たとえば、「走行会」のメニューを1つ前に移動するときは、以下のように操作します。

1 「走行会」の右側にある ^ をクリックします。

2 「走行会」の並び順が1つ前に変更されます。並び順を確認できたら「保存」をクリックします。

3 指定した順番にメニューが並べ替えられます。

「保存」をクリックする前に、他のメニューの並び順を変更しても構いません。メニューの並び順は「保存」をクリックしたときに確定されます。

2

ホームページの基本構成を作成する

2.4.7 サブメニューの作成

　各メニューの下に**サブメニュー**を設けて、階層のあるメニューを作成することも可能です。たとえば、「サイクリングロード」というメニューがあり、その下に「多摩川サイクリングロード」と「浅川サイクリングロード」のサブメニューがある、といったメニュー構成に仕上げることも可能です。

　サブメニューが表示される位置は、レイアウトに応じて変化します。レイアウトによっては、少し離れた位置にサブメニューが表示される、リンク先へ移動した後にサブメニューが表示される、というケースもあります。

　サブメニューが表示される位置を確認したいときは、

　　・実際にリンクをクリックしてみる
　　・画面を**プレビュー**（P25〜28参照）に切り替えてメニューを操作してみる

などの操作を行ってみてください。実際にサブメニューが表示される様子を確認できると思います。

それでは、サブメニューを作成するときの具体的な操作手順を解説していきましょう。この場合は、◀や▶を使って各メニューの階層を指定します。たとえば、「サイクリングロード」の下に「多摩川サイクリングロード」と「浅川サイクリングロード」のサブメニューを作成するときは、以下のように操作します。

1 「サイクリングロード」の右にある＋をクリックし、新しいメニューを追加します。

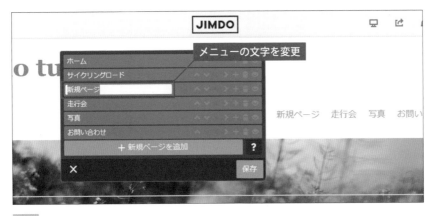

2 追加したメニューの文字を「多摩川サイクリングロード」に変更します。

3 続いて、「多摩川サイクリングロード」の右にある▶をクリックします。

4 「多摩川サイクリングロード」が1つ下の階層に変更されます。

5 「多摩川サイクリングロード」の右にある ＋ をクリックして新しいメニュー（サブメニュー）を追加します。

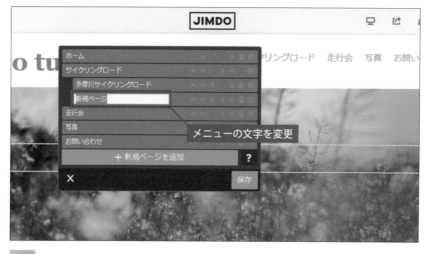

6 追加したメニューの文字を「浅川サイクリングロード」に変更します。

7 メニューが正しく構成されていることを確認し、「保存」をクリックします。

8 メニューの編集が確定されます。メニューの上にマウスを移動すると、サブメニューが表示されるのを確認できます。

※レイアウトによっては、メニューのクリックが必要な場合もあります。

　なお、サブメニューを1つ上の階層に戻したいときは < をクリックします。たとえば、「多摩川サイクリングロード」の < をクリックすると、メニュー構成は以下の図のように変化します。

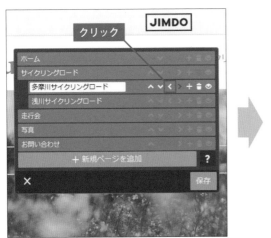

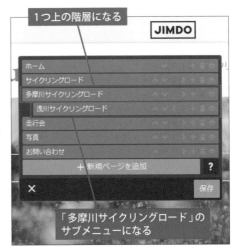

階層が3つあるメニューを作成することも可能です。この場合も < や > ををクリックして各メニューの階層を指定します。ただし、階層を4つ以上にすることはできません。

■ 親メニューの削除について | Coulmn

サブメニューを作成すると、その親メニューの 🗑 がグレーアウト（操作不可）になり、メニューを削除できなくなります。この場合は、そのメニューに含まれるサブメニューをすべて削除すると、🗑 を操作できるようになります。

2.4.8 ▶ 非表示のメニュー

メニューの編集ツールにある 👁 をクリックすると、そのメニューを「非表示のメニュー」に設定できます。非表示に設定したメニューは、実際のホームページに表示されなくなるため、そのリンク先ページへ訪問者が移動することも不可となります。

なお、この機能を効果的に活用する方法は、本書のP65～66ならびにP106～107で詳しく解説します。

2.5 ページタイトルの編集

メニューを作成できたら、次は「ページタイトル」の設定を行います。ホームページの内容にあわせて、適切なタイトル（サイト名）を指定してください。

2.5.1 サイト名とページタイトル

　ホームページを作成するときは、それぞれのページに「名前」を付けておくのが基本です。この名前のことを**ページタイトル**と呼びます。

　ジンドゥークリエイターで作成したホームページには、それぞれのページに以下のような構成のページタイトルが付けられています。

■ページタイトルの構成

（ページ名）-（ドメイン名）ページ！

- ・ページ名 …………………… 各ページに対応する「メニューの文字」
- ・ドメイン名 ……………… ホームページの作成時に入力した「URLの一部」

　「-」（ハイフン）より後の部分は「全ページに共通する文字」となるため、この部分を**サイト名**（ホームページ全体の名称）として活用するのが一般的です。

各ページのページタイトルは、Webブラウザのタブを見ると確認できます。

「写真」のページへ移動した例。ハイフンより前の部分には「メニューと同じ文字」が表示されます。

2.5.2 ▶ ページタイトルの変更手順

　ページタイトルは、Webブラウザのタブに小さく表示されるだけでなく、「Google」や「Yahoo!」の検索結果の見出しなどにも利用されます。よって、見た目以上に重要な役割を担っています。

　自動設定されたページタイトルをそのまま使用するのではなく、適切な内容（サイト名）に変更しておくとよいでしょう。ページタイトルを変更するときは、以下のように操作します。

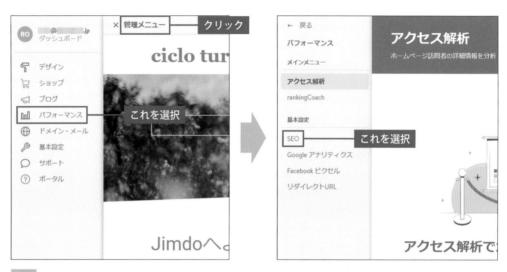

1 「管理メニュー」をクリックし、「パフォーマンス」→「SEO」を選択します。

2 まずは、全ページに共通する文字（ハイフンより後の部分）を指定します。「ホームページ」の項目を選択し、適切な「サイト名」に修正してから「保存」をクリックします。

続いて、**トップページ用のページ名**と**ページ概要**を指定します。ページ名（ハイフンより前の部分）は「メニューと同じ文字」が自動設定されますが、「**ホーム**」のページのみ自分の好きな文字に変更することが可能です。

1 「ホーム」の項目を選択し、「ホーム」の文字を適当な文字に修正します。
※「ホーム」のままでも構いません。

2 続いて、「ページ概要」にホームページの簡単な紹介文を入力します。紹介文を入力できたら「保存」をクリックします。

■「ホーム」以外のページ名 | Coulmn

　ホームページを「PRO」以上の有料プランにアップグレードすると、「ホーム」以外のページについても「ページ名」と「ページ概要」を自由に変更できるようになります。

作業が済んだら「管理メニュー」を閉じて、ページタイトルが正しく設定されているか確認してみましょう。文字数が多く、すべての文字がタブ内に表示されない場合は、タブの上にマウスを移動すると、ページタイトルを確認できます。

■ SEO（検索エンジン最適化）について | Coulmn

　「ページタイトル」や「ページ概要」に含まれる文字は"重要なキーワード"として扱われるため、非常に効果的なSEO（検索エンジン最適化）の手段となります。ページタイトルに適切なキーワードを含めておくと、そのキーワードで検索されたときに、自分のホームページが表示されやすくなります。

　同様に、トップページのページ名を「ホーム」ではなく、もっと具体的なキーワードを含めたページ名にしておくと、そのぶん検索結果に表示されやすくなります。各自で色々と工夫してみてください。

※ 上記はあくまで一般的な傾向の話であり、必ずしも検索結果の上位に表示される訳ではありません。また、検索結果に反映されるまでに数日～数ヶ月の期間を要する場合もあります。

2.6 背景画像の編集

続いては、ホームページの「背景」を変更する方法を解説します。背景に好きな画像を使用したい場合は、ここで紹介する手順で設定を変更してください。

2.6.1 背景の表示位置

　ホームページの**背景**が表示される位置は、選択している**レイアウト**に応じて大きく変化します。ページのメインビジュアルとして背景画像が配置されているケースもあれば、ページ全体に背景画像が配置されているケースもあります。

2.6.2 ▶ 背景画像の変更

　「自分で撮影した写真」や「素材用のイメージ写真」などをホームページの背景として使用することも可能です。この場合は、以下のように操作して背景の設定を変更します。

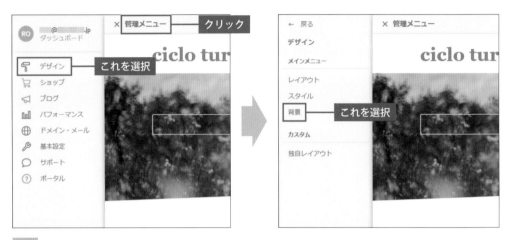

1 「管理メニュー」をクリックし、「デザイン」→「背景」を選択します。

2 ＋をクリックして新しい素材を追加します。背景用の画像を追加するときは「画像」を選択します。

3 背景として使用する画像ファイルを選択し、[開く]ボタンをクリックします。

4 画像ファイルがアップロードされ、ホームページの背景部分が指定した画像に変更されます。

5 背景の設定画面にある「丸印のアイコン」（フォーカルポイント）をドラッグして、「どこを中心に画像を表示するか？」を指定します。

6 すべてのページに同じ背景画像を指定するときは、「この背景画像をすべてのページに設定する」をクリックします。背景の設定が済んだら「保存」をクリックします。

> **■ 現在のページのみ背景を変更** | Coulmn
>
> 「この背景画像をすべてのページに設定する」をクリックしなかった場合は、現在のページについてのみ背景画像の変更が行われます。

　以上で、背景画像の変更は完了です。なお、背景用の画像は、何枚でも追加登録できるようになっています。このため、気になる画像をひととおり登録しておき、その中から最適な画像を採用する、といった使い方もできます。

　背景の設定を変更するときは、「**管理メニュー**」から「**デザイン**」→「**背景**」を選択し、以下のいずれかの操作を行います。

2.6.3 ▶ スライド表示の背景画像

次々と画像が変化していく**スライド表示**の背景を設定することも可能です。

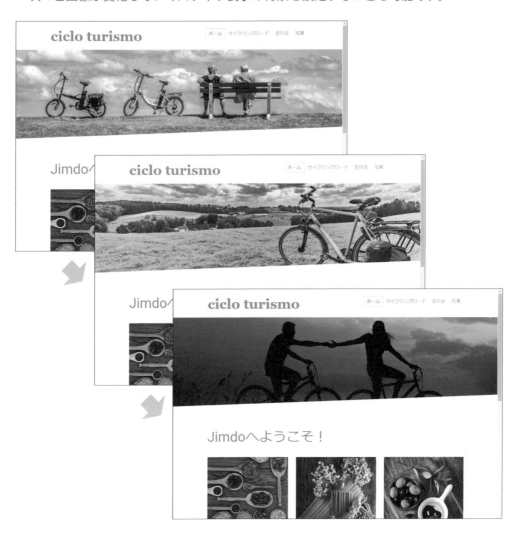

スライド表示の背景を設定するときは、以下のように操作します。

1 「管理メニュー」から「デザイン」→「背景」を選択します。続いて、╋をクリックし、「スライド表示」を選択します。

[Ctrl] キーを押しながら
クリック

クリック

2 ［Ctrl］キーを押しながら画像ファイルをクリックし、スライド表示させる画像を一括
選択します。画像ファイルをすべて選択できたら［開く］ボタンをクリックします。

画像を選択

フォーカルポイントを調整

スライド表示の速度調整

3 選択した画像がアップロードされます。それぞれの画像を選択し、フォーカルポイン
トを調整します。

　すべての画像のフォーカルポイントを調整できたら、「保存」をクリックします。なお、
全ページに同じ背景（スライド表示）を指定するときは、「この背景画像をすべての
ページに設定する」をクリックしてから「保存」をクリックする必要があります。

■ スライド表示する画像の追加／削除　　　　　　　　　　　　　　　│ Coulmn

この設定画面にある　をクリックすると、現在のスライド表示に「新しい画像」を追加できます。
また、各画像にある　をクリックすると、その画像をスライド表示から削除できます。

2.6.4 ▶ 背景画像の表示確認

　背景画像が表示される範囲は、Webブラウザの**ウィンドウ サイズ**に応じて変化する仕組みになっています。このため、ウィンドウ サイズを変更したときの表示も確認しておく必要があります。

　背景画像の表示を確認するときは、画面モードを**プレビュー**（P25～28参照）に切り替えてからウィンドウ サイズを色々と変更してみるとよいでしょう。

ウィンドウ幅を大きくした場合

　また、ホームページが**スマートフォン**で閲覧されたときの表示も確認しておく必要があります。こちらの表示イメージもプレビューで確認できます。

スマートフォン版のプレビュー（縦）

■ 背景画像の指定は意外と難しい!? 　　　　　　　　　　　　　　│ Coulmn

　どんなサイズのときも背景画像をバランスよく表示するのは意外と難しく、フォーカルポイントの調整だけでは対応できないケースもあります。あらかじめ画像をトリミング（切り抜き）しておくことでバランスよく配置できるケースもありますが、必ずしも成功するとは限りません。
　一般的なウィンドウ サイズで背景画像の表示を確認し、それ以外の極端なサイズのときは（ある程度）妥協する。このような考え方も、状況によっては必要になるかもしれません。

2.6.5 動画と単色の背景

　各ページの背景に、YouTubeやVimeoの**動画**を配置したり、色で塗りつぶした**単色**の背景を指定したりすることも可能です。

　「**動画**」を選択すると、以下のような設定画面が表示されます。ここにYouTube（またはVimeo）で配信されている動画のURLを入力すると、その動画をホームページの背景に指定できます。

　「**カラー**」を選択すると、以下のような設定画面が表示されます。背景となる部分を色で塗りつぶしたい場合は、ここで好きな色を指定します。

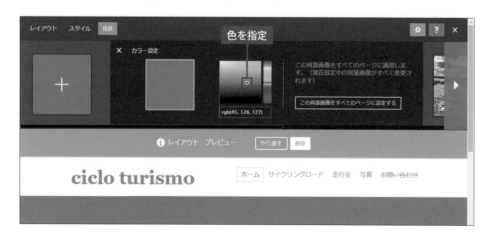

3

Chapter 3

ホームページの
コンテンツを作成する！

ここまでの作業でホームページの骨格となる部分を作成できました。続いては、見出し、文章、画像、リンク、カラム、表など、各ページのコンテンツとなる部分を作成していきます。

まずは、メニューの編集により作成したページのうち、「どのページを編集するか？」を指定する方法、ならびに「非表示のメニュー」について解説します。

3.1.1 編集するページの選択

　「ホーム」のページだけで構成される Web サイトは少なく、たいていの場合、それ以外にも何枚かのページ（メニュー）が作成されていると思われます。これらのうち、「どのページを編集するか？」は**メニューのクリック**で指定します。

クリックして
ページを移動

メニューをクリックして編集
するページへ移動します。

ページ表示が切り替わり、
編集可能な状態になる

リンク先のページが表示され、
編集可能な状態になります。

ジンドゥークリエイターで作成したホームページは、**常にインターネットに公開されている状態**になっています。このため、ホームページを一般公開するにあたって特別な作業は何もありません。

ただし、これには困った側面もあります。というのも、作成途中のページまで公開されてしまうからです。このような場合に活用できるのが「**非表示のメニュー**」です。

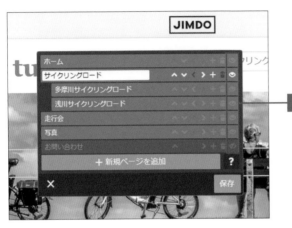

メニューの表示／非表示の切り替え

メニューの編集ツールにある　をクリックして　に切り替えると、そのメニューを非表示に設定できます。たとえば、「サイクリングロード」のページが作成途中であった場合は、「サイクリングロード」のメニューを一時的に非表示に設定します。

非表示に設定

メニューを非表示にするときは、そのメニューの　を　に変更してから「保存」をクリックします。

「取り消し線」が表示される

そのメニューが「取り消し線」で表示されます。

その後、画面モードを**プレビュー**に切り替えると、非表示に設定したメニューが画面に表示されなくなっているのを確認できます。この場合、訪問者はメニューをクリックできないため、リンク先のページにも移動できなくなります。

このようにメニューを一時的に「非表示」にして編集作業を行い、ページが完成した時点でメニューを「表示」に戻すと、作業途中のページを訪問者に見られる可能性が小さくなります。1つのページを何日もかけて作成するときのテクニックとして覚えておいてください。

なお、編集画面のときに非表示のメニューが「取り消し線」で表示される理由は、そのページへ移動できるようにするためです。編集画面でもメニューが非表示になってしまうと、そのページへ移動できなくなり、作成途中のページを編集できなくなってしまいます。

■ パスワード保護領域の活用　　　　　　　　　　　　　　　　　　　　　　Coulmn

そのほか、作成途中のページを訪問者に見せないようにする方法として、ページをパスワードで保護する方法もあります。こちらは「管理メニュー」から「基本設定」→「パスワード保護領域」を選択すると設定できます。

なお、この場合は、ページが完成した時点で「パスワード保護領域」の設定を解除しておく必要があります。忘れないように注意してください。

※ ブログ記事のページ、概要ページ、システムにより作成されたページは、パスワード保護領域の対象外となります。

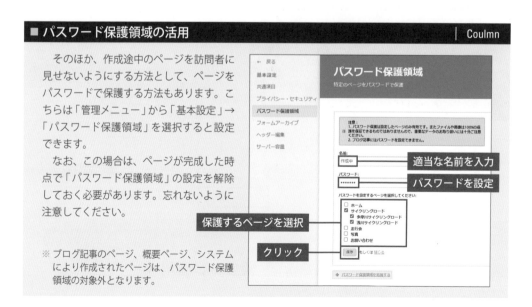

3.2 コンテンツの追加と削除

ここからは、各ページの中身（コンテンツ）を作成するときの操作手順を解説していきます。まずは、コンテンツの追加と削除について説明します。

3.2.1 コンテンツの削除

「**ホーム**」のページをはじめ、最初から用意されているページには、自動作成されたサンプルページが表示されています。これをそのまま利用しても構いませんし、各コンテンツを削除して、ゼロから自分でページを作り直しても構いません。

まずは、ページ内にあるコンテンツを削除するときの操作手順を解説します。

1 ページ内にあるコンテンツの上へマウスを移動すると、左端（または右端）に4つのアイコンが表示されます。

2 この中にある（コンテンツを削除）をクリックします。

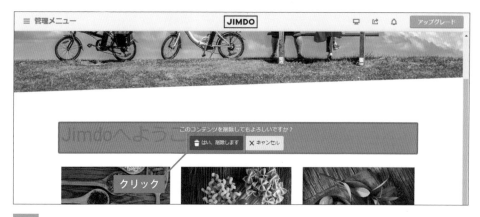

3 このような確認画面が表示されるので、「はい、削除します」をクリックします。

4 コンテンツが削除され、以降のコンテンツが上に詰めて配置されます。

　同様の操作を繰り返して、ページ内にあるコンテンツをすべて削除すると、そのページを白紙の状態にできます。もちろん、自分で配置したコンテンツも同様の手順で削除することが可能です。コンテンツを削除するときの操作手順として、必ず覚えておいてください。

■ 余白の削除　　　　　　　　　　　　　　　　　　　　　　　　　　　　　Coulmn

　サンプルページに「余白」のコンテンツが配置されている場合もあります。この「余白」も同様の手順で削除することが可能です。なお、マウスを動かしている最中に4つのアイコンが消えてしまう場合は、以下の図のようにマウスを動かすと 🗑 をクリックできます。

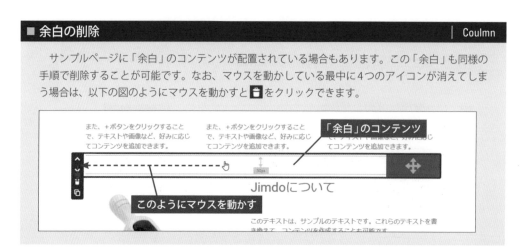

サンプルページに「カラム」（ページを縦に分割したコンテンツ）が配置されている
場合もあります。この場合は、その下端にマウスを移動し、**「カラムを編集」**をクリック
すると、左端（または右端）に4つのアイコンを表示できます。

3.2.2 ▶ 定型ページの活用

　すべてのコンテンツを削除して「白紙のページ」にした場合は、**定型ページ**を利用し
てページを構成できるようになります。自分で追加したページも、最初は「白紙のページ」
として扱われるため、定型ページを利用できます。
　定型ページを利用してコンテンツを一括配置するときは、以下のように操作します。

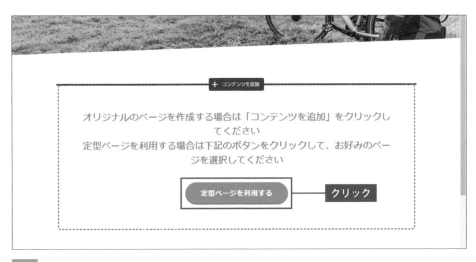

1 「定型ページを利用する」をクリックします。

2 このような一覧が表示されるので、分類を選択し、好きな構成をクリックします。

3 選択した構成でコンテンツが一括配置されます。これをそのまま採用するときは「決定」をクリックします。

※「やり直す」をクリックすると、手順2に戻ります。

このように操作して、「見出し」や「文章」、「画像」などのコンテンツを一括追加することも可能です。なお、各コンテンツの編集方法は、本書の3.3節以降で詳しく解説していきます。

3.2.3 ▶ コンテンツの追加

続いては、コンテンツを1つずつ自分で追加していくときの操作手順を解説します。マウスを「コンテンツとコンテンツの間」に移動させると、 + コンテンツを追加 が表示されます。このボタンをクリックすると、その位置に新しいコンテンツを挿入できます。

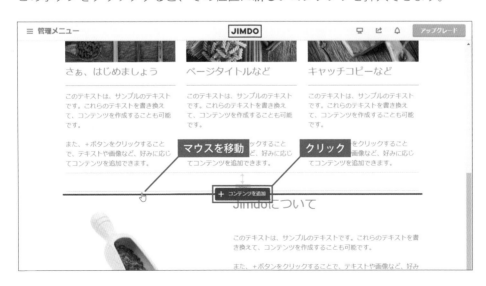

＋ コンテンツを追加 をクリックすると、よく使用されるコンテンツが一覧表示されます。ここ
で「その他のコンテンツ＆アドオン」をクリックすると、使用頻度の低いコンテンツを
追加表示できます。

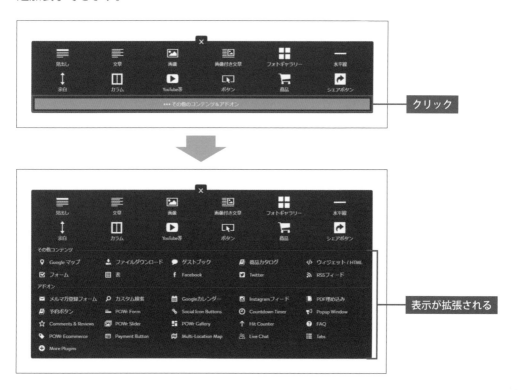

この一覧にあるアイコンをクリックすると、そのコンテンツをページに追加できま
す。たとえば、「文章」のアイコンをクリックすると「文章」の編集ツールが表示され、
ページに文章を追加できるようになります。同様に、「画像」のアイコンをクリックする
と「画像」の編集ツールが表示され、ページに画像を追加できるようになります。

「文章」の編集ツール

「画像」の編集ツール

なお、それぞれのコンテンツの編集ツールの使い方は、次ページ以降で詳しく解説し
ていきます。

3.3 見出しと文章の編集

ここからは、各コンテンツの編集方法を解説していきます。3.3節では、「見出し」、
「文章」、「余白」、「水平線」の編集方法について解説します。

3.3.1 見出しの作成と編集

まずは、各ページの先頭に配置することが多い「見出し」の作成手順から解説してい
きます。これまでの"おさらい"も兼ねて、手順を詳しく説明しておきます。

1 ホームページの編集画面を表示し、メニューをクリックして編集するページへ移動し
ます。

2 「見出し」を挿入する位置にマウスを移動し、 ＋ コンテンツを追加 をクリックします。

3 「見出し」のアイコンをクリックします。

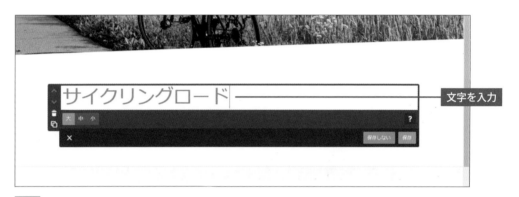

4 「見出し」の編集ツールが表示されるので、見出しの文字を入力します。

5 続いて、「見出し」のサイズを選択し、「保存」をクリックします。

■ 見出しのサイズ | Coulmn

　「見出し」のサイズは大／中／小の3種類が用意されています。これらは単に文字サイズを指定するものではなく、見出しのレベルを指定する項目でもあることに注意してください。

　たとえば、「イベント概要」という見出しを大サイズで作成した場合は、その下位レベルにあたる「日程」や「アクセス」などの見出しを中サイズ（または小サイズ）で作成するのが基本です。

「見出し」が作成される

6 以上で「見出し」の作成は完了です。

　作成した「見出し」を修正するときは、「見出し」の部分をマウスでクリックします。
すると「見出し」の編集ツールが再び表示され、文字やサイズを修正できるようになり
ます。各ページに初めから配置されていた「見出し」も、同様の手順で好きな文字に変
更できます。

クリック

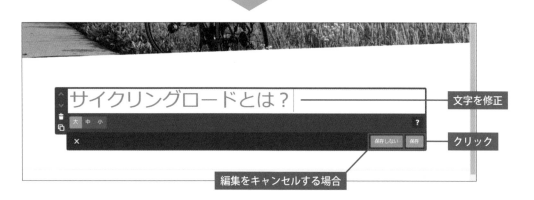

文字を修正

クリック

編集をキャンセルする場合

■ 見出しの文字の書式指定　　　　　　　　　　　　　　　　　　　　 | Coulmn

　作成した「見出し」のフォント、文字サイズ、文字色などを変更したいときは、スタイルの設定を
変更します。これについては、P176〜178で詳しく解説します。

続いては、ページに「**文章**」を配置する方法を解説します。まずは、単純に文章を入力していくときの操作手順を解説します。

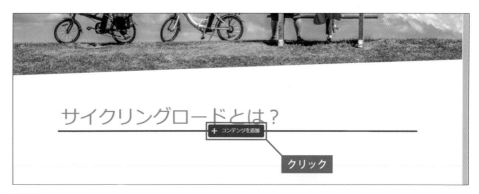

1 「文章」を挿入する位置にマウスを移動し、 ＋ コンテンツを追加 をクリックします。

2 「文章」のアイコンをクリックします。

3 「文章」の編集ツールが表示されるの、ホームページに掲載する文章を入力し、「保存」をクリックします。

4 以上で「文章」の作成は完了です。

　もちろん、掲載した文章を修正することも可能です。この場合は「文章」の領域をクリックして、「文章」の編集ツールを再表示します。あとは、文章の内容を修正してから「保存」をクリックするだけです。

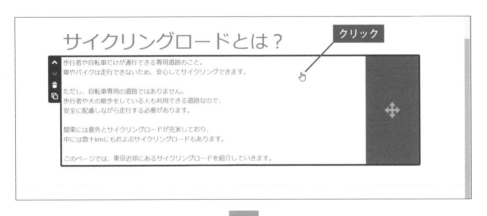

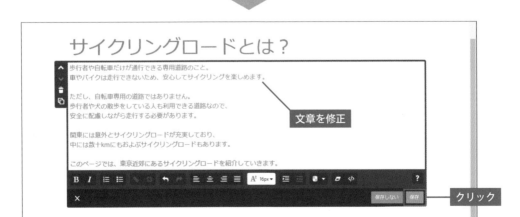

　「文章」の編集ツールには、文字や段落の**書式**を指定する機能が用意されています。Wordなどのアプリを使った経験がある方なら、すぐに書式の指定方法を覚えられるでしょう。ここでは例として、文字の色を変更するときの操作手順を紹介しておきます。

1 「文章」の編集ツールを表示し、書式を変更する文字を選択します。

2 ■（テキストカラー）の▼をクリックし、好きな色を指定します。

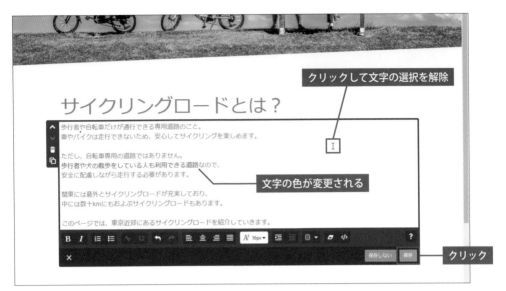

クリックして文字の選択を解除

文字の色が変更される

クリック

3 「文章」の領域内をクリックして文字の選択を解除すると、文字の色が変更されているのを確認できます。確認できたら「保存」をクリックして書式変更を確定します。

文字の色が変更される

4 以上で、書式の変更（文字色の変更）は完了です。

　このように、書式を指定するときは「文字の選択」→「書式の指定」という手順で操作を進めていきます。もちろん、同様の手順で、太字、斜体、文字サイズ、配置などの書式を指定することも可能です。次ページ以降に、各書式の指定内容を紹介しておくので参考にしてください。

太字 **B** ／ 斜体 *I*

　文字に**太字**や**斜体**の書式を指定します。各アイコンをクリックすると、選択している文字を太字／斜体にできます。再度アイコンをクリックすると、太字／斜体の書式を解除できます。ただし、**斜体の書式は半角文字にしか適用されない場合があります**^{（※）}。

※有料版のフォントなど、斜体表示が可能な日本語フォントも一部あります。

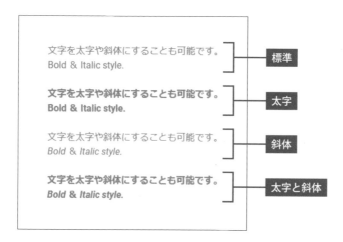

番号付きリスト ／ 番号なしリスト

　段落に**箇条書き**の書式を指定します。　をクリックした場合は「1、2、3、……」の数字、　をクリックした場合は「・」の記号を先頭に付けた箇条書きになります。もういちどアイコンをクリックすると、箇条書きの書式を解除できます。

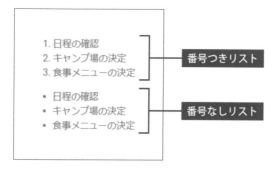

リンク ／ リンクを解除

　文字に**リンク**を設定します。この機能については、P101〜105で詳しく解説します。

元に戻す ／ やり直す

　　をクリックすると、直前の操作を**取り消して**1つ前の状態に戻すことができます。取り消した操作を**やり直す**ときは　をクリックします。

段落の配置 ▤ / ▤ / ▤ / ▤

段落を揃える位置（**左寄せ**／**中央**／**右寄せ**／**両端**）を指定します。

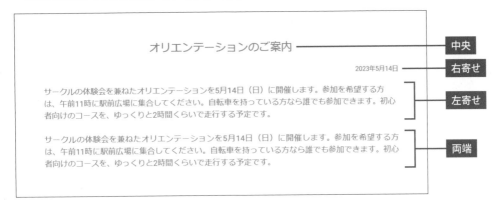

文字サイズ A⁺ 16px ▾

文字のサイズを変更します。 ▾ をクリックすると文字サイズが一覧表示されるので、この中から適当なサイズを選択します。

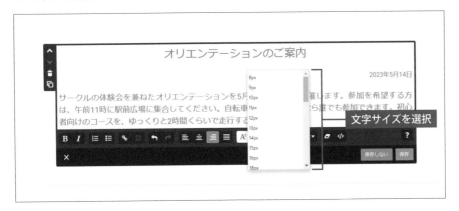

インデント ▤ ／ インデント解除 ▤

段落の左側に**余白（インデント）**を設けます。 ▤ をクリックするごとに、余白のサイズが大きくなっていきます。逆に、 ▤ をクリックすると、余白のサイズが小さくなっていきます。

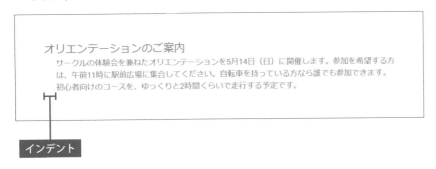

テキストカラー

文字の色を指定します。■の▼をクリックすると、色を選択する画面が表示されます。すでに色を選択してある場合は、■のアイコンをクリックして文字に色を指定することも可能です。

クリックして文字色を指定

設定解除 ◪

選択している文字（または段落）の**書式を解除**して、標準の状態に戻します。

HTMLを編集 </>

「文章」の領域の**HTML**を表示します。ここでHTMLを直接修正することも可能です。HTMLの知識がある上級者向けの機能です。

■「保存」の押し忘れに注意！ | Coulmn

文章を修正したり、書式を変更したりしたときは、最後に「保存」をクリックするのを忘れないようにしてください。「保存」をクリックし忘れると、編集内容がホームページに反映されません。これは「文章」以外のコンテンツについても同様です。

3.3.4 ▶ 上下の余白の調整

コンテンツとコンテンツの間隔を調整したい場合もあるでしょう。この場合は「**余白**」というコンテンツを利用します。上下の間隔を「余白」のコンテンツで調整するときは、以下のように操作します。

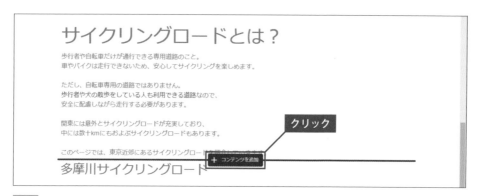

クリック

1 「余白」を挿入する位置にマウスを移動し、➕コンテンツを追加 をクリックします。

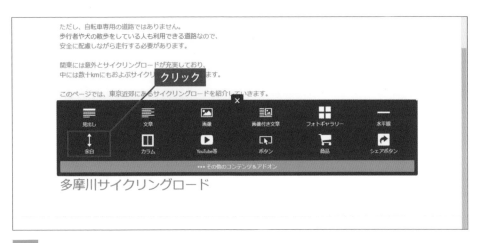

2 「余白」のアイコンをクリックします。

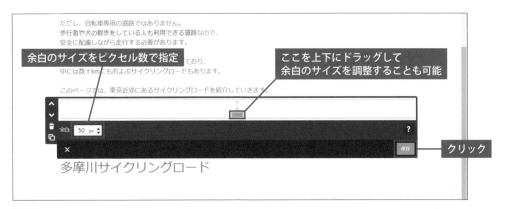

3 「余白」の編集ツールが表示されるので、余白のサイズ（高さ）を指定して「保存」を
クリックします。

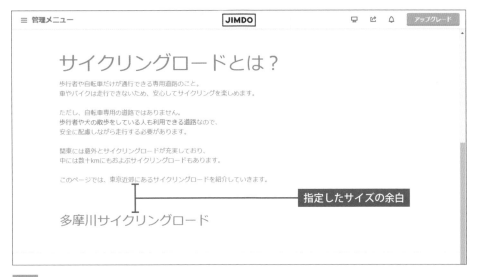

4 指定したサイズの余白が設けられます。

　コンテンツとコンテンツの間に「区切り線」を描画することも可能です。この場合は「**水平線**」というコンテンツを利用します。ページに「水平線」を挿入するときは、以下のように操作します。

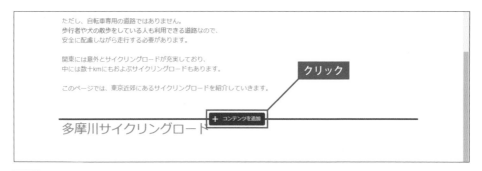

1 「水平線」を挿入する位置にマウスを移動し、[＋ コンテンツを追加]をクリックします。

2 「水平線」のアイコンをクリックします。

3 以上で「水平線」の描画は完了です。なお、水平線の太さや線種を変更することも可能です。これについてはP182で詳しく解説します。

3.4 画像の編集

ホームページを作成するにあたって「画像」は欠かすことのできない要素といえます。3.4節では、「画像」と「画像付き文章」の編集方法を解説します。

3.4.1 画像の追加

続いては、ホームページに「画像」を掲載するときの操作手順を解説していきます。ホームページに「画像」を配置するときは、以下のように操作します。

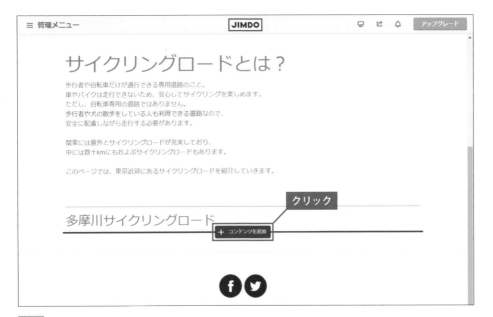

1 「画像」を挿入する位置にマウスを移動し、 **＋ コンテンツを追加** をクリックします。

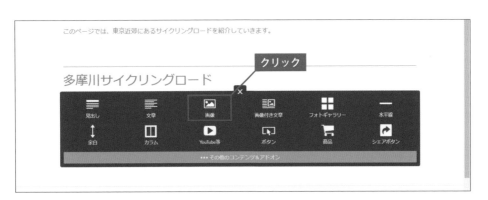

2 「画像」のアイコンをクリックします。

3 「画像」の編集ツールが表示されるので、画像ファイルをドラッグ＆ドロップしてホームページに掲載する画像を指定します。

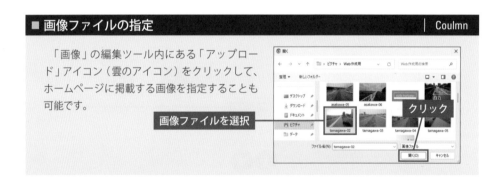

■ **画像ファイルの指定** | Coulmn

「画像」の編集ツール内にある「アップロード」アイコン（雲のアイコン）をクリックして、ホームページに掲載する画像を指定することも可能です。

画像ファイルを選択

クリック

画像が表示される

4 画像ファイルがアップロードされ、編集ツール内に画像が表示されます。

5 画像の掲載サイズを調整します。サイズを調整できたら「保存」をクリックします。

6 以上で「画像」の追加は完了です。

「画像」の編集ツールには、画像の配置を変更する、拡大表示に対応させる、画像にリンクを設定する、画像にキャプションを追加する、などの機能も用意されています。これらの設定は、写真を追加する際に一緒に指定しても構いませんし、後から指定しても構いません。

　以降に、それぞれの設定項目の詳細を紹介しておきます。なお、設定を変更したときは、最後に「**保存**」をクリックするのを忘れないようにしてください。

拡大 ➕ ／ 縮小 ➖ ／ ページに合わせる ✖

それぞれのアイコンをクリックして、画像の掲載サイズを調整します。

　➕ ‥‥‥‥‥ クリックする毎に画像の掲載サイズが**大きく**なります。
　➖ ‥‥‥‥‥ クリックする毎に画像の掲載サイズが**小さく**なります。
　✖ ‥‥‥‥‥ **ページ幅に合わせたサイズ**で画像を掲載します(※)。
　　　　　　※「ページ幅」より「画像の幅」が小さい場合は、本来のサイズで画像が掲載されます。

画像の配置 ⬅ ／ ⬍ ／ ➡

画像を揃える位置（**左揃え／中央揃え／右揃え**）を指定します。

左回りに画像を回転 ↺ ／ 右回りに画像を回転 ↻

画像を回転します。↺または↻をクリックする毎に90度ずつ画像が回転します。

クリックして拡大させる

ホームページ内で**画像を拡大表示する**機能を追加します。これについては、P90〜91で詳しく解説します。

画像にリンク／リンクを削除

画像に**リンク**を設定します。これについては、P101〜105で詳しく解説します。

キャプションと代替テキスト

画像の下に**キャプション**を追加したり、**代替テキスト**を指定したりできます。必要に応じて「画像の説明文」などを入力してください。

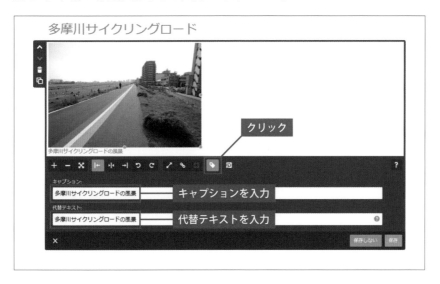

キャプションを追加した「画像」の表示例

■ 代替テキストとは？　　　　　　　　　　　　　　　Coulmn

代替テキストは、目の不自由な方が（音声読み上げ機能を使って）ホームページを閲覧するときに、「画像の説明文」として利用される文章です。また、何らかの不具合により画像を表示できなかったときにも、代替テキストが「代わりに表示される文字」として利用されます。

Pinterestでのシェアを許可する 🅿

🅿をクリックしてONにすると、画像にPinterest用のアイコンを追加できます。

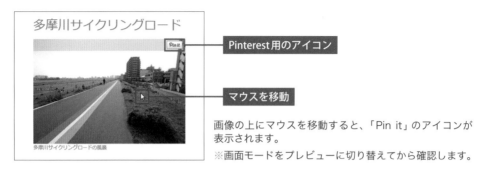

多摩川サイクリングロード

Pinterest用のアイコン

マウスを移動

画像の上にマウスを移動すると、「Pin it」のアイコンが表示されます。
※画面モードをプレビューに切り替えてから確認します。

■ **Pinterest とは？** | Coulmn

　Pinterest（ピンタレスト）は、ホームページなどに掲載されている画像を収集して「自分だけのスクラップブック」を作成できるWebサービス（SNS）です。

3.4.3　画像の拡大表示

　画像をクリックすると、その画像が**ウィンドウ全体に拡大表示**される。このようなホームページを見たことがある方も沢山いるでしょう。同じような機能を「自分のホームページ」で実現することも可能です。この場合は、「画像」の編集ツールにある ↗ をクリックしてONにします。

クリックしてONにする

クリック

前ページにように設定を変更すると、クリック操作により画像を拡大表示できるようになります。ただし、この動作を編集画面で確認することはできません。動作を確認するときは、あらかじめ画面モードを**プレビュー**に切り替えておく必要があります。

　なお、画像の拡大表示をONにすると、画像に設定した**リンクが無効化される**ことに注意してください。「拡大表示」と「リンク」の設定は、後に指定した方だけが有効になります。両者を同時に有効にすることはできません。注意するようにしてください。

※リンクの設定方法については、P101～105で詳しく解説します。

3　ホームページのコンテンツを作成する！

3.4.4 画像付き文章

　画像の右側（または左側）に文章を回り込ませて配置できる「**画像付き文章**」というコンテンツも用意されています。続いては、ホームページに「画像付き文章」を追加するときの操作手順を解説します。

1 コンテンツを挿入する位置にマウスを移動して ＋ コンテンツを追加 をクリックし、「画像付き文章」のアイコンをクリックします。

2 「画像付き文章」の編集ツールが表示されるので、画像の横に配置する「文章」を入力します。また、必要に応じて書式を指定しておきます。

3 続いて、「画像」を追加します。この操作は、画像ファイルをドラッグ＆ドロップするか、もしくは「アップロード」アイコン（雲のアイコン）をクリックすると実行できます。

4 ［画像］タブを選択すると、画像編集用のアイコン表示に切り替わります。ここで画像の掲載サイズなどを調整し、「保存」をクリックします。

5 以上で「画像付き文章」の追加は完了です。

編集ツールの使い方は、「文章」や「画像」を編集する場合と基本的に同じです。詳しくは、P78〜82ならびにP88〜91を参照してください。

　なお、■をクリックして画像の配置を**右揃え**にすると、「画像」と「文章」を入れ替えた配置にカスタマイズできます。元の配置に戻すときは、■をクリックして画像の配置を**左揃え**に変更します。

画像を「右揃え」の配置に変更した場合

※「画像サイズ」と「文章の文字数」の関係により、文章が回り込んで配置されないケースもあります。

3.5 コンテンツのコピーと移動

作成したコンテンツをコピーしたり、並べ替えたりする機能も用意されています。
続いては、これらの機能の使い方を解説します。

3.5.1 コンテンツのコピー

同じ形式のコンテンツを何回も繰り返して配置するときは、をクリックして**コンテンツのコピー**を行うと効率よく作業を進められます。以降の作業は、コピーされたコンテンツの「画像」や「文章」を差し替えていくだけ。これで同じ形式のコンテンツを何個でも作成できます。

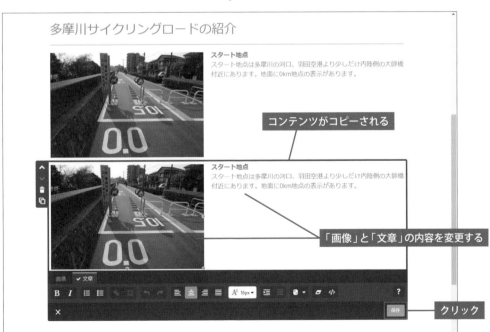

コンテンツを並べる順番を変更したい場合もあるでしょう。このような場合は、や⌄をクリックすると、そのコンテンツを上または下へ移動できます。

そのほか、ドラッグ＆ドロップでコンテンツの位置を移動する方法も用意されています。この場合は、✣の部分をマウスでドラッグ＆ドロップします。

作成したコンテンツを**別のページへ移動**することも可能です。この場合は**クリップ
ボード**を活用します。たとえば、「文章」のコンテンツを別のページに移動するときは、
以下のように操作します。

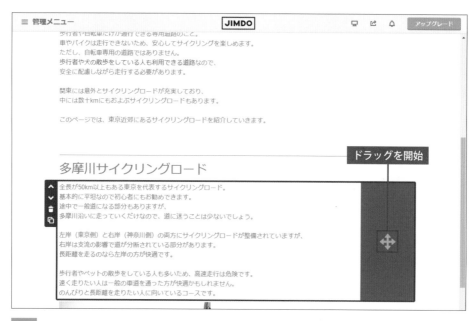

1 移動するコンテンツの ✛ をドラッグして移動を開始します。

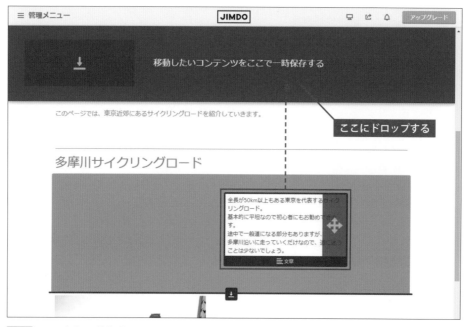

2 画面上部に「移動したいコンテンツをここで一時保存する」という領域が表示される
ので、この領域にコンテンツをドロップします。

3 コンテンツがクリップボードに一時保存されます。これを確認してから ^ をクリックし、クリップボードを閉じます。

4 メニューをクリックして移動先のページを表示します。続いて、v をクリックし、クリップボードを開きます。

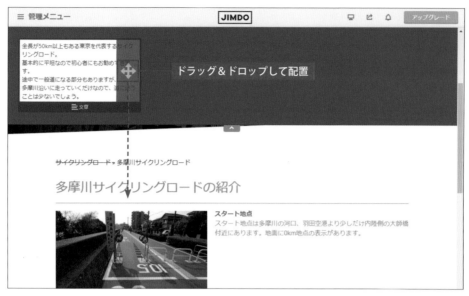

5 クリップボードに一時保存したコンテンツの ✛ をドラッグし、配置したい位置にドロップします。

6 ドロップした位置にコンテンツが移動されます。

■ **複数のコンテンツをまとめて移動** | Coulmn

　　クリップボードに2つ以上のコンテンツを一時保存することも可能です。たとえば、「文章」をクリップボードに一時保存し、さらに「画像」をクリップボードに一時保存すると、「文章」と「画像」の両方をクリップボードに一時保存できます。複数のコンテンツをまとめて別のページへ移動する場合などに活用してください。

3.6 リンクとボタン

リンクのクリックにより次々とページを移動できることもホームページの魅力です。続いては、リンクの設定とボタンの作成について解説します。

3.6.1 文字にリンクを設定

「**文章**」や「**画像付き文章**」のコンテンツに入力した文字にリンクを設定することも可能です。まずは、文字に**外部リンク**を設定するときの操作手順を解説します。

1 リンクを設定する文字を選択し、🔗のアイコンをクリックします。

2 ［外部リンクかメールアドレス］タブを選択し、リンク先のURLを入力します。その後、「リンクを設定」をクリックします。

3 リンクを設定した文字に下線が表示されます。最後に「保存」をクリックすると、
リンクの設定が完了します。

　今回の例では、自分以外のサイトへ移動する「外部リンク」を設定しましたが、自分
のサイト内にある別のページへ移動するリンクを設定することも可能です。この場合は
［**内部リンク**］タブを選択し、リンク先のページを指定します。

■ メールリンクの設定　　　　　　　　　　　　　　　　　　　　　　　　| Coulmn

　リンク機能を使って「メールリンク」を設定することも可能です。この場合は、［外部リンクかメー
ルアドレス］タブを選択し、宛先のメールアドレスを入力します。ただし、メールアドレスをホーム
ページに公開すると、大量の迷惑メールが届く危険性があります。自分のメールアドレスを掲載す
るときは十分に注意するようにしてください。

　設定したリンクが正しく動作するかを確認するときは、画面モードを**プレビュー**に切り替えてからリンクをクリックするのが基本です。とはいえ、いちいちプレビューに切り替えるのが面倒な場合もあるでしょう。このような場合は、リンク文字の上に表示される 🔗 をクリックしてリンク先を確認することも可能です。

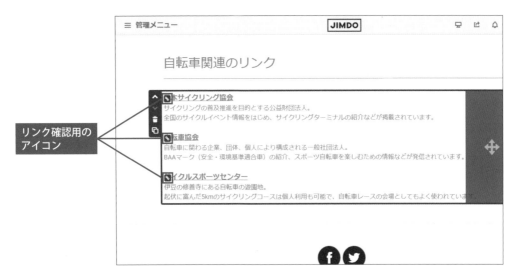

　🔗 をクリックすると、Webブラウザにリンク先のページが表示されます。これで「リンクが正しく設定されているか？」を確認できます。

■ リンクの解除 | Coulmn

　設定したリンクを解除するときは、そのリンク文字を選択し、編集ツールにある 🔗 をクリックします。

3.6.3 ▶ 画像にリンクを設定

　続いては、画像にリンクを設定する方法を解説します。この場合は、「**画像**」または「**画像付き文章**」の編集ツールにある 🔗 をクリックします。以降の操作手順は、文字にリンクを設定する場合と同じです。ここでは例として、画像に**内部リンク**を設定するときの操作手順を解説します。

1 「画像」の編集ツールを表示し、🔗 をクリックします。
　　※「画像付き文章」の場合は、[画像]タブにある 🔗 をクリックします。

2 [内部リンク]タブを選択し、リンク先のページを指定してから「リンクを設定」をクリックします。

クリック

3 画像の場合は、リンクを設定しても見た目は特に変化しません。そのまま「保存」を
クリックします。

画像に設定したリンクの動作を確認するときもプレビューを利用するのが基本です。
編集画面のまま動作を確認したいときは、画像の左上に表示される🔗 をクリックする
と、リンク先のページを表示できます。

リンク確認用のアイコン

■ リンクの解除　　　　　　　　　　　　　　　　　　　　　　　　　│ Coulmn

　画像に設定したリンクを解除するときは、そのコンテンツの編集ツールにある 🔀 をクリックし、
その後「保存」をクリックします。

■ リンクと画像の拡大表示　　　　　　　　　　　　　　　　　　　　│ Coulmn

　画像にリンクを設定すると、✎ が自動的にOFFになり、画像の拡大表示が無効化されます。逆に、
リンクを設定した画像で✎ をONにすると、リンクが無効化され、拡大表示が有効になります。「リ
ンク」と「拡大表示」の両方を有効にすることはできません。念のため、覚えておいてください。

3.6.4 メニューに表示しないページのリンク

　ひとつの内容を複数のページに分けて掲載するときは、1ページ目だけを**メニュー**に表示し、2ページ目以降は**内部リンク**で移動するように設定すると、メニューの表示をシンプルにできます。

　たとえば、「多摩川サイクリングロード」を3ページにわたって紹介するときは、以下の図のように、1ページ目だけをメニューに表示するように設定します。

ホームページの編集画面

プレビュー

　ただし、このままでは訪問者が2ページ目以降を閲覧できなくなってしまいます。そこで、メニューに表示しているページ（1ページ目）に**リンク**を作成し、2ページ目以降へ誘導します。

　具体的な手順は、ページの最下部に「文章」のコンテンツを追加し、その中に「2ページ目へ移動するリンク」を配置する、となります。以下に簡単な例を紹介しておくので参考にしてください。

1 「多摩川サイクリングロード」の1ページ目に「文章」のコンテンツを追加し、「次のページへ」などの文字を入力します。

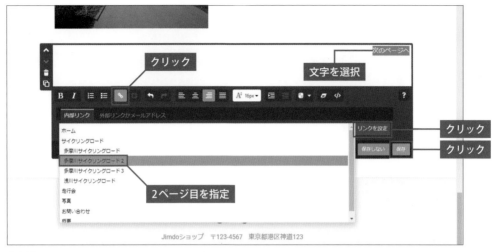

2 この文字に「多摩川サイクリングロードの2ページ目」へ移動する内部リンクを設定します。

このようにリンクを設定しておくと、メニューに表示していないページにも訪問者が移動できるようになります。いちど画面モードを**プレビュー**に切り替えてから、訪問者の立場で動作を確認してみるとよいでしょう。ページ数が増えてきたときに役立つテクニックなので、ぜひ覚えておいてください。

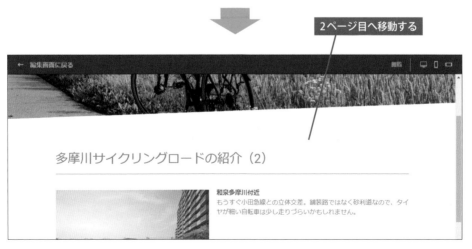

3.6.5 ボタンを使ったリンクの作成

　ジンドゥークリエイターには、リンクを「**ボタン**」で作成する機能も用意されています。リンクを目立たせたい場合になどに活用するとよいでしょう。リンクを「ボタン」で作成するときは、以下のように操作します。

1 コンテンツを挿入する位置にマウスを移動して ＋ コンテンツを追加 をクリックし、「ボタン」のアイコンをクリックします。

2 「ボタン」の編集ツールが表示され、「新しいボタン」が作成されます。このボタン内にある文字をドラッグして選択し、文字を書き換えます。

3 続いて、「ボタン」のデザインを選択します。「スタイル1」～「スタイル3」のいずれかをクリックし、好きなデザインに変更します。

4 ✎ をクリックしてリンク先を指定します。

5 ボタンの配置(左揃え/中央/右揃え)を指定し、「保存」をクリックします。

6 以上で「ボタン」の作成は完了です。

3.7 カラムの作成

ページを左右に分割して「画像」や「文章」などを配置できる「カラム」も用意されています。続いては、カラムの使い方を説明します。

3.7.1 カラムとは？

　ページを左右に分割して、コンテンツを横に並べて配置したい場合もあるでしょう。このような場合は「**カラム**」を利用します。カラムを利用すると、以下のようなレイアウトを手軽に実現できます。

3列構成のカラム

3.7.2 カラムの作成手順

　それでは、「カラム」の具体的な作成手順を解説していきましょう。カラムを作成するときは、以下のように操作します。

1 コンテンツを追加する位置にマウスを移動して ＋ コンテンツを追加 をクリックし、「カラム」のアイコンをクリックします。

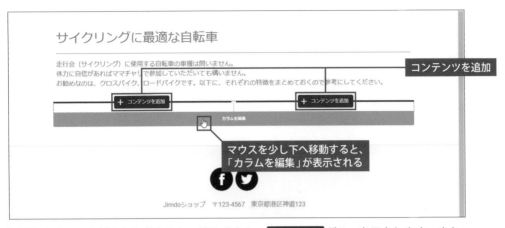

2 左右に2分割された「カラム」が作成され、 ＋ コンテンツを追加 が2つ表示されます。また、マウスを少し下へ移動すると、「カラムを編集」という項目が表示されます。

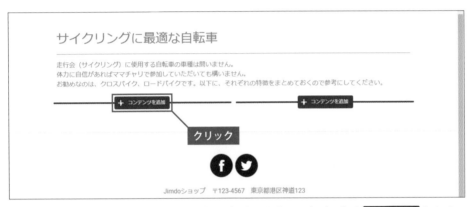

3 カラム内に「文章」や「画像」などを追加するときは、各列にある ＋ コンテンツを追加 をクリックします。

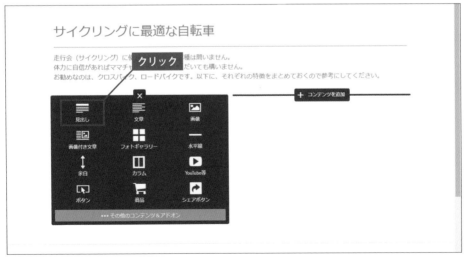

4 1列目に追加するコンテンツを選択します。ここでは例として「見出し」のコンテンツを追加してみます。

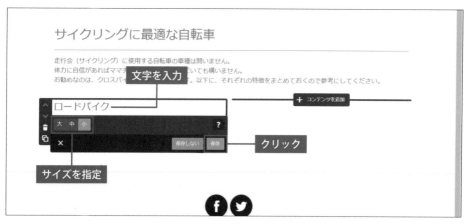

5 見出しの文字を入力し、サイズを指定します。この操作手順は、通常の「見出し」を
作成する場合と同じです。

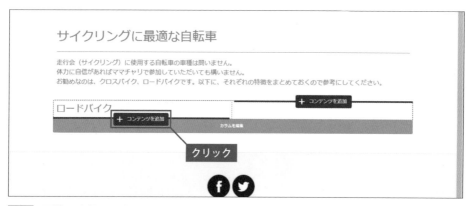

6 同様の手順で1列目にコンテンツを追加していきます。コンテンツを追加する位置に
マウスを移動し、 + コンテンツを追加 をクリックします。

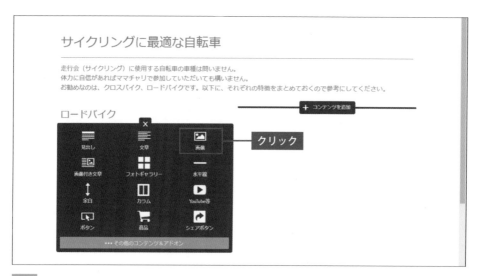

7 追加するコンテンツを選択します。今度は例として「画像」を追加してみます。

クリックすると、
隠れているアイコンが表示される

クリック

8 「画像」や「文章」などの編集方法は、これまでに解説した手順と同じです。コンテンツを編集できたら「保存」ボタンをクリックします。

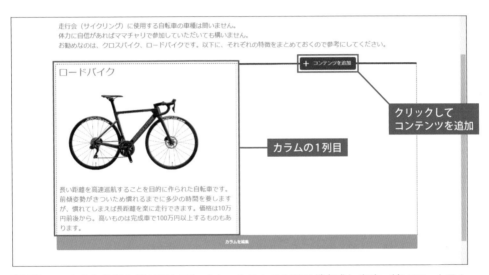

クリックして
コンテンツを追加

カラムの1列目

9 このような作業を繰り返していくと、カラムの1列目が完成します。続いて、カラムの2列目を作成していきます。

■ コンテンツの移動と削除　　　　　　　　　　　　　　　　　　　　　│ Coulmn

　カラム内に追加したコンテンツも、これまでと同様の手順で移動したり、削除したりすることが可能です。

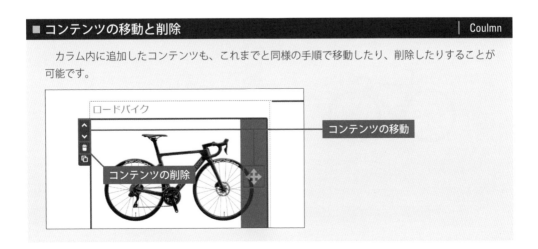

コンテンツの移動

コンテンツの削除

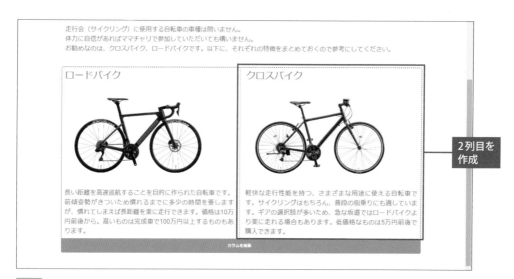

走行会（サイクリング）に使用する自転車の車種は問いません。
体力に自信があればママチャリで参加していただいても構いません。
お勧めなのは、クロスバイク、ロードバイクです。以下に、それぞれの特徴をまとめておくので参考にしてください。

ロードバイク

クロスバイク

2列目を
作成

長い距離を高速巡航することを目的に作られた自転車です。前傾姿勢がきついため慣れるまでに多少の時間を要しますが、慣れてしまえば長距離を楽に走行できます。価格は10万円前後から。高いものは完成車で100万円以上するものもあります。

軽快な走行性能を持つ、さまざまな用途に使える自転車です。サイクリングはもちろん、普段の街乗りにも適しています。ギアの選択肢が多いため、急な坂道ではロードバイクより楽に走れる場合もあります。低価格なものは5万円前後で購入できます。

カラムを編集

10 「カラムの1列目」と同様の手順で「カラムの2列目」を作成します。

　以上で「カラム」の作成は完了です。カラムの各列には、「見出し」、「文章」、「画像」などのコンテンツを自由に配置できます。各コンテンツの編集方法に特に変わった点はないので、これまでの解説を理解していれば問題なく「カラム」を作成できると思います。

3.7.3 ▶ 列の追加と列幅の変更

　最初は左右に2分割された「カラム」が表示されますが、この列数を**最大6列まで**増やすことも可能です。カラム全体に関わる操作を行うときは、「カラム」の下端にマウスを移動し、「**カラムを編集**」をクリックします。

サイクリングに最適な自転車

走行会（サイクリング）に使用する自転車の車種は問いません。
体力に自信があればママチャリで参加していただいても構いません。
お勧めなのは、クロスバイク、ロードバイクです。以下に、それぞれの特徴をまとめておくので参考にしてください。

ロードバイク

クロスバイク

長い距離を高速巡航することを目的に作られた自転車です。前傾姿勢がきついため慣れるまでに多少の時間を要しますが、慣れてしまえば長距離を楽に走行できます。価格は10万円前後から。高いものは完成車で100万円以上するものもあります。

軽快な走行性能を持つ、さまざまな用途に使える自転車です。サイクリングはもちろん、普段の街乗りにも適しています。ギアの選択肢が多いため、急な坂道ではロードバイクより楽に走れる場合もあります。低価格なものは5万円前後で購入できます。

カラムを編集

クリック

すると、「カラム」の編集ツールが表示されます。この編集ツールにある ✚ をクリックすると、その位置に列を追加できます。これとは逆に、カラムから列を削除するときは、各列にある 🗑 をクリックします。

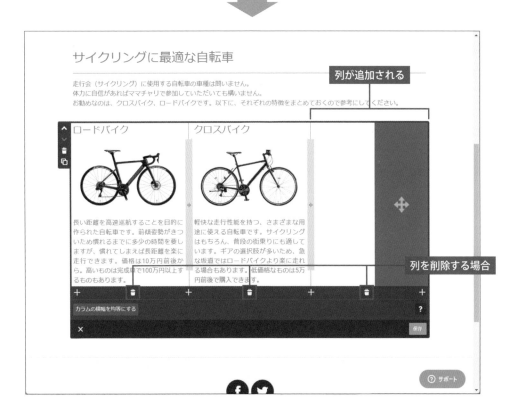

各列の横幅を調整することも可能です。横幅を変更するときは、各列を区切る縦線をマウスで左右にドラッグします。なお、カラムを等分割の状態に戻したいときは、「カラムの横幅を均等にする」をクリックします。

左右にドラッグすると、各列の横幅を変更できる

横幅を均等にする場合

■ スマートフォンで閲覧したときの配置　　　　　　　　Coulmn

　ホームページをスマートフォンで閲覧したときは、「カラム」の各列が縦に並べて配置されます。この様子は、画面モードをプレビューに切り替えて、スマートフォンの表示イメージを見ると確認できます。

　なお、各列は隙間なく縦に並べて配置されるため、上下の間隔が狭くなってしまう場合もあります。このような場合は、あらかじめ各列の末尾に「余白」を追加しておくと、適当な間隔を設けることができます。

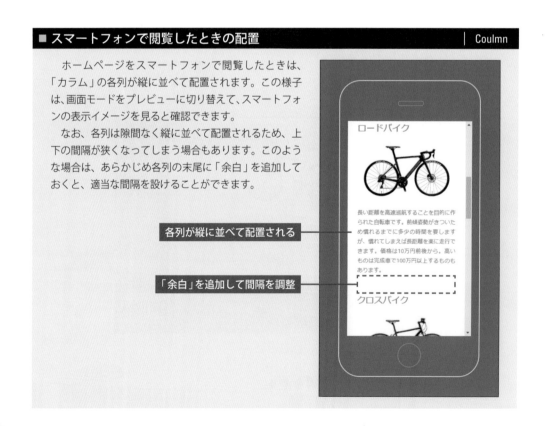

各列が縦に並べて配置される

「余白」を追加して間隔を調整

3.7.4 ▶ カラムを利用した文字の配置

　ページの左端と右端に文字を配置したいときも「カラム」が活用できます。たとえば、前後のページへ移動するリンクを、以下の図のように配置することも可能です。

カラムを利用した文字（リンク）の配置

　この例では「2列のカラム」を作成し、それぞれの列に「文章」のコンテンツを追加しています。1列目の文章は「左寄せ」、2列目の文章は「右寄せ」で配置し、それぞれにリンクを設定すると、上図のようなナビゲーションを作成できます。色々な場面に応用できるテクニックなので、ぜひ覚えておいてください。

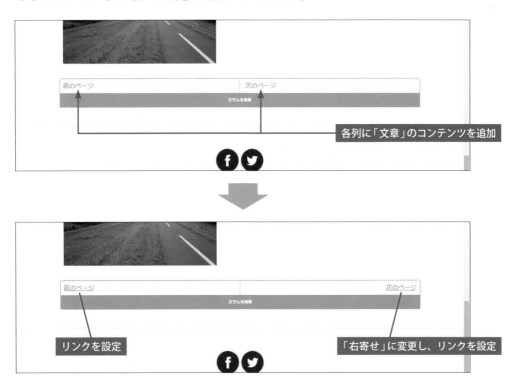

各列に「文章」のコンテンツを追加

リンクを設定

「右寄せ」に変更し、リンクを設定

3.8 表の作成と編集

ジンドゥークリエイターには「表」を作成する機能も用意されています。続いては、表を作成するときの操作手順と書式設定について解説します。

3.8.1 表の作成手順

まずは、表を作成するときの基本的な操作手順を解説します。ページに「**表**」のコンテンツを追加するときは、以下のように操作します。

1 コンテンツを追加する位置にマウスを移動し、 ＋ コンテンツを追加 をクリックします。続いて、「その他のコンテンツ＆アドオン」をクリックします。

2 「表」のアイコンをクリックします。

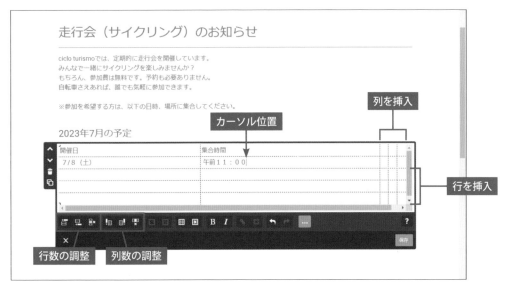

3 2行×2列の表が作成されるので、各セル（マス目）をクリックして文字を入力していきます。

4 適当な位置にカーソルを移動し、「表」の編集ツールにある6個のアイコンを使って「行数」と「列数」を調整します。

■ 行数と列数の調整　　　　　　　　　　　　　　　　　　　　　　　　　| Coulmn

行/列の挿入・削除は、「表」の編集ツールにある6個のアイコンで指定します。各アイコンをクリックすると、「カーソルがある位置」を基準に以下の操作が実行されます。

- 🖹 ‥‥‥‥‥‥ カーソル位置の**上に行を挿入**します。
- 🖹 ‥‥‥‥‥‥ カーソル位置の**下に行を挿入**します。
- 🖹× ‥‥‥‥‥‥ カーソルがある**行を削除**します。

- 🖽 ‥‥‥‥‥‥ カーソル位置の**左に列を挿入**します。
- 🖽 ‥‥‥‥‥‥ カーソル位置の**右に列を挿入**します。
- 🖽× ‥‥‥‥‥‥ カーソルがある**列を削除**します。

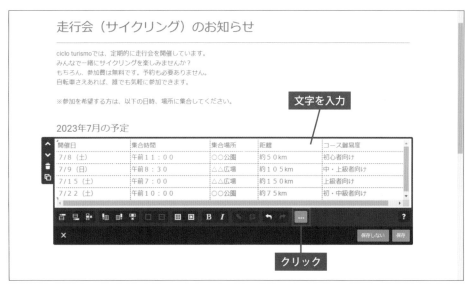

文字を入力

クリック

5 それぞれのセルに文字を入力します。続いて、□ をクリックし、アイコン表示を拡張します。

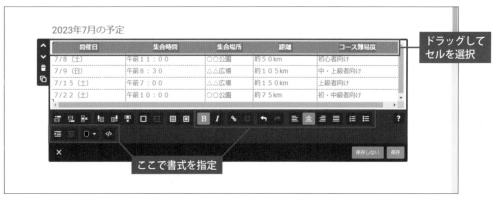

**ドラッグして
セルを選択**

ここで書式を指定

6 マウスをドラッグしてセルを選択し、文字の書式や配置（左寄せ／中央／右寄せ）を指定します。

※太字や斜体、文字の色などの書式を文字単位で指定することも可能です。

クリック

7 書式を指定できたら「保存」をクリックします。これで「表」の基本形は完成です。続いて、罫線や背景色などを指定していきます。

見やすい表を作成するには、それぞれのセルに**罫線**を描画しておく必要があります。また、見出しのセルなどに**背景色**を指定すると、より見やすい表に仕上げられます。これらの書式は **⊞**（**セルのプロパティ**）で指定します。

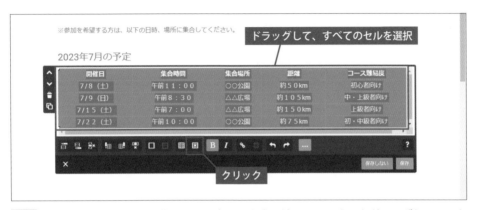

1 「表」をクリックして編集ツールを表示します。続いて、マウスをドラッグしてセルをすべて選択し、⊞ をクリックします。

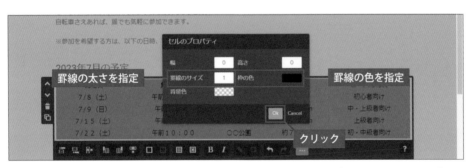

2 「セルのプロパティ」が表示されるので、「罫線のサイズ」と「枠の色」を指定し、「Ok」をクリックします。

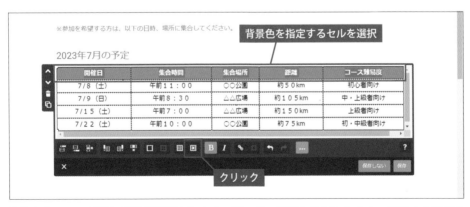

3 各セルの周囲に罫線が描画されます。続いて、背景色を指定します。背景色を指定するセルを選択し、⊞ をクリックします。

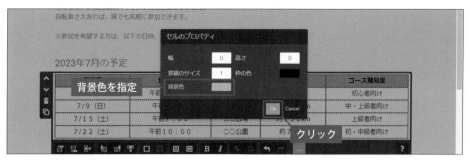

4 「セルのプロパティ」が表示されるので、「背景色」に適当な色を指定し、「Ok」をクリックします。

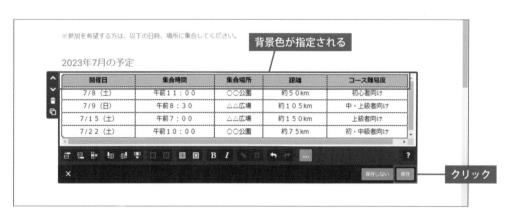

5 選択していたセルに背景色が指定されます。背景色の指定が済んだら「保存」をクリックします。

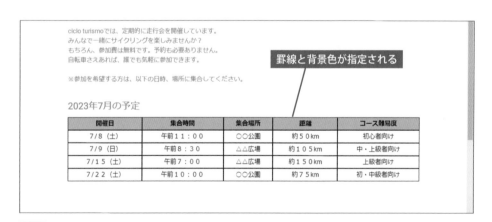

6 以上で「罫線」と「背景色」の指定は完了です。

■「幅」と「高さ」の指定 | Coulmn

「セルのプロパティ」を使って、選択しているセルのサイズ（幅、高さ）を指定することも可能です。この場合は、「幅」や「高さ」にピクセル単位の数値を入力します。

3.8.3 表のプロパティ

　罫線を指定した表をよく見ると、表の内部だけ罫線が太くなっていることに気付くと思います。これは、各セルの周囲に「指定した太さ」の罫線が描画されるためです。たとえば、1ピクセルの罫線を指定すると、表の内部にある罫線は「隣にあるセルの罫線」と隣接するため、1＋1＝2ピクセルの太さになります。

　このような不具合を解消するには、⊞（**表のプロパティ**）でも罫線を指定する必要があります。

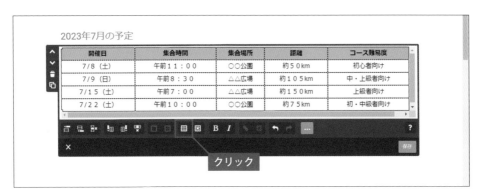

クリック

1　「表」をクリックして編集ツールを表示し、⊞をクリックします。

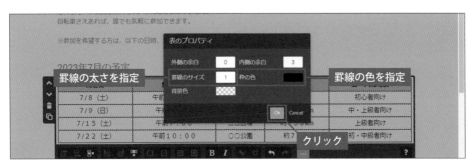

罫線の太さを指定　　　罫線の色を指定

クリック

2　「表のプロパティ」が表示されるので、「罫線のサイズ」と「枠の色」を指定し、「Ok」をクリックします。

2023年7月の予定

開催日	集合時間	集合場所	距離	コース難易度
7/8（土）	午前１１：００	○○公園	約５０km	初心者向け
7/9（日）	午前８：３０	△△広場	約１０５km	中・上級者向け
7/15（土）	午前７：００	△△広場	約１５０km	上級者向け
7/22（土）	午前１０：００	○○公園	約７５km	初・中級者向け

罫線の太さが統一される

3　「保存」をクリックすると、「表の外周」にも罫線が追加され、罫線の太さが統一されるのを確認できます。

⊞は、表全体の書式を指定するアイコンとなります。このアイコンで指定した罫線は、「表の外周」にのみ描画されます。前ページの例では、「表の外周」に1ピクセルの罫線を追加することにより、表全体の罫線を2ピクセルに統一しています。

　　　　⊞（セルのプロパティ）················ **各セルの周囲に罫線を指定**
　　　　⊞（表のプロパティ）·················· **表の外周に罫線を指定**

　　なお、「表のプロパティ」にある「**外側の余白**」と「**内側の余白**」は、それぞれ以下の余白を指定する設定項目となります。

　　　　外側の余白 ···················· **セルとセルの間隔を指定する**
　　　　内側の余白 ···················· **各セルの内部の余白を指定する**

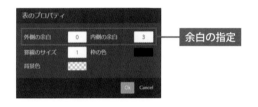

「外側の余白」に20ピクセルを指定した例

2023年7月の予定

開催日	集合時間	集合場所	距離	コース難易度
7/8（土）	午前11：00	○○公園	約50km	初心者向け
7/9（日）	午前8：30	△△広場	約105km	中・上級者向け
7/15（土）	午前7：00	△△広場	約150km	上級者向け
7/22（土）	午前10：00	○○公園	約75km	初・中級者向け

2023年7月の予定

開催日	集合時間	集合場所	距離	コース難易度
7/8（土）	午前11：00	○○公園	約50km	初心者向け
7/9（日）	午前8：30	△△広場	約105km	中・上級者向け
7/15（土）	午前7：00	△△広場	約150km	上級者向け
7/22（土）	午前10：00	○○公園	約75km	初・中級者向け

「内側の余白」に20ピクセルを指定した例

3.8.4 ▶ 表のサイズ調整

　表全体のサイズを調整することも可能です。この場合は、「表」の編集ツールを表示し、四隅にある**ハンドルをドラッグ**して表のサイズを変更します。

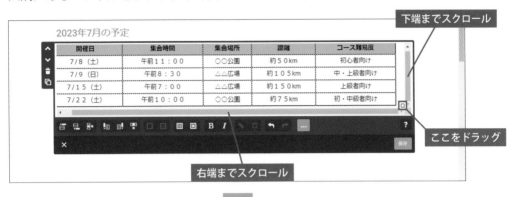

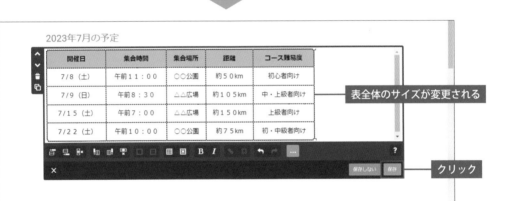

■ セルの結合 | Coulmn

　複数のセルを選択した状態で、「表」の編集ツールにある □（セルを結合）をクリックすると、選択したセルを「1つのセル」に結合できます。完全な格子状ではない表を作成する場合に活用してください。

　なお、結合したセルを元の状態に戻すときは、そのセルを選択し、田（セルの結合を解除）をクリックします。

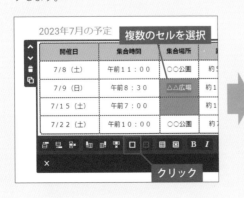

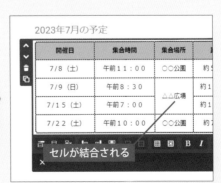

　文字を整列して配置したい場合にも「表」のコンテンツが活用できます。たとえば、「文章」のコンテンツで以下のような更新履歴を作成すると、月日の文字数が一定でないため、文字の先頭を揃えられなくなります。

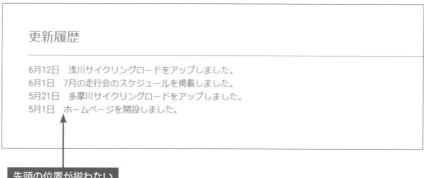

　このような場合は「表」のコンテンツを使うと、先頭を揃えて文字を配置できます。活用できる場面は意外と多いので、ひとつのテクニックとして覚えておいてください。

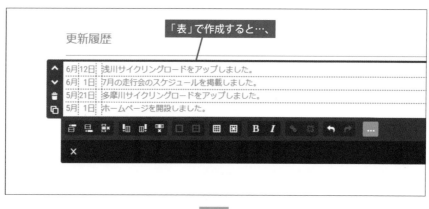

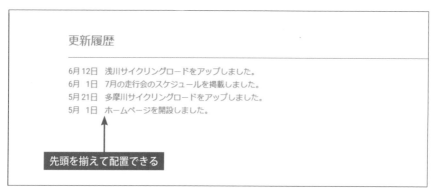

3.9 サイドバー領域の編集

これまではホームページの「メイン領域」について編集方法を解説してきました。
同様の手順で「サイドバー領域」を編集することも可能です。

3.9.1 サイドバーとは？

　作成したホームページには、各ページの下部（または左右）に**サイドバー**が用意され
ています。この領域も各自が自由に編集できます。サイドバーは**全ページ共通の領域**で、
すべてのページに同じ内容が表示されます。このため、コピーライトや連絡先などを
記す領域として活用するのが一般的です。

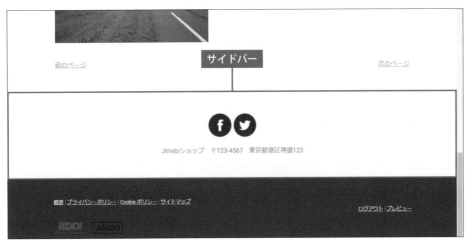

自動作成されたサイドバーの例

レイアウトによっては、ページの左右にサイドバーが配置されている場合もあります。

　自動作成されたサイドバーには、ダミーの連絡先などが記載されています。そのまま残しておいても意味がないので、作成するホームページの内容に合わせて変更しておきましょう。

　サイドバーの編集方法は、これまでに解説してきた「文章」や「カラム」などの操作手順と同じです^{（※）}。コンテンツ内の文字を書き換えたり、 🗑 をクリックしてコンテンツを削除したりすることが可能です。もちろん、 ＋ コンテンツを追加 をクリックして新しいコンテンツを追加しても構いません。

※「シェアボタン」の編集方法については、P145～146で詳しく解説します。

　個人サイトのように一般公開できる連絡先がない場合は、サイドバーの領域をナビゲーションとして活用しても構いません。ここに主要ページへのリンクを作成しておくと、訪問者の利便性が向上します。

サイドバーに主要なページへのリンクを作成した例

Chapter 4

ページを盛り上げる
コンテンツ

フォトギャラリーや Google マップ、YouTube 動画、
ゲストブック、お問い合わせフォーム、ブログなど、
ホームページを盛り上げるコンテンツを簡単に作成でき
るのもジンドゥークリエイターの特長です。第4章では、
これらのコンテンツの作成方法を解説します。

4.1 フォトギャラリーの作成

何枚もの画像を並べて掲載したいときは、「フォトギャラリー」を利用すると便利です。4.1節では、「フォトギャラリー」の使い方を解説します。

4.1.1 フォトギャラリーの作成手順

「フォトギャラリー」は、何枚もの画像を並べて配置することができるコンテンツです。写真を集めたページを作成する場合などに活用するとよいでしょう。まずは、「フォトギャラリー」を作成するときの基本操作について解説します。

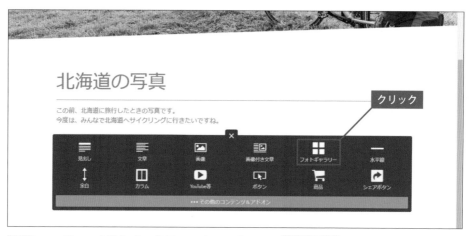

1 コンテンツを追加する位置にマウスを移動して ＋ コンテンツを追加 をクリックし、「フォトギャラリー」のアイコンをクリックします。

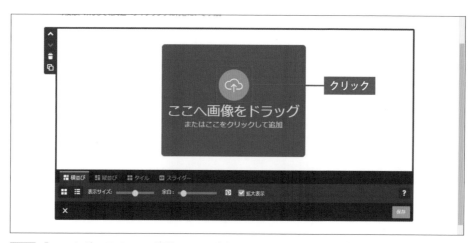

2 「フォトギャラリー」の編集ツールが表示されるので、「アップロード」アイコン（雲のアイコン）をクリックします。

3 1枚目の画像をクリックして選択します。2枚目以降は、[Ctrl]キーを押しながらクリックして画像を追加選択していきます。

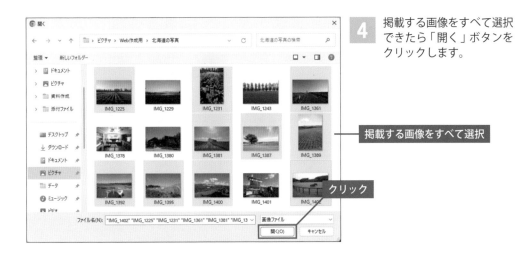

4 掲載する画像をすべて選択できたら「開く」ボタンをクリックします。

掲載する画像をすべて選択

クリック

■ ドラッグ＆ドロップによる画像の指定　　　　　　Coulmn

　画像ファイルをドラッグ＆ドロップして「フォトギャラリー」に登録する画像を指定することも可能です。この場合は、ドラッグ＆ドロップした画像が順番に追加登録されていきます。

5 画像ファイルのアップロードが始まります。アップロードが完了すると、「フォトギャラリー」に画像が一覧表示されます。

6 編集ツールが見えるまで画面を下へスクロールし、画像の「表示サイズ」と「余白」を調整します。調整できたら「保存」をクリックします。

「フォトギャラリー」として画像が掲載される

7 以上で「フォトギャラリー」の作成は完了です。

■ **画像の追加登録** Coulmn

　作成した「フォトギャラリー」に画像を追加登録することも可能です。この場合は、「フォトギャラリー」の編集ツールを表示し、「アップロード」アイコン（雲のアイコン）をクリックするか、もしくは画像ファイルをドラッグ＆ドロップして画像を追加登録します。

■ **拡大表示と Pinterest の設定** Coulmn

　「フォトギャラリー」の編集ツールにある「拡大表示」をONにすると、クリック操作で画像を拡大表示できるようになります（P90〜91参照）。
　また、⬛ をクリックしてONにすると、画像を拡大表示したときにPinterest用のシェアアイコン（画面右上の ↗）が表示されるようになります。

　先ほど紹介した手順で「フォトギャラリー」を作成すると、「**横並び**」の掲載方法で画像が配置されます。これを「縦並び」に変更することも可能です。掲載方法を「**縦並び**」に変更するときは、［**縦並び**］**タブ**を選択し、「列数」と「余白」を調整します。

「縦並び」のフォトギャラリー

列数　列数: ──●──

　画像を「横方向に何列で配置するか？」を指定します。1〜6列を指定できます。

余白　余白: ●──

　画像と画像の間隔を調整します。

4.1.3 ▶ 「タイル」のフォトギャラリー

　［**タイル**］**タブ**を選択した場合は、「**タイル**」の掲載方法で画像を配置できるようになります。

「タイル」のフォトギャラリー

オリジナル比率で表示 🖼 / 正方形で表示 🖼

　🖼 を選択すると、本来の比率で画像全体が表示されます。🖼 を選択すると、画像の中央部分だけが正方形で表示されます。

拡大 ➕ / 縮小 ➖

　画像の掲載サイズを拡大/縮小します。

枠線を付ける ▣ / 間隔を縮める ▢ / 間隔を拡げる ▢

　枠線の有無、画像と画像の間隔を指定します。

　[**スライダー**] タブを選択した場合は、スライドショー形式で画像を1枚ずつ大きく掲載できるようになります。

「スライダー」のフォトギャラリー　※編集ツールを表示するときは ⏸（または ▶）をクリックします。

再生速度 ／ 自動再生

　「自動再生」をONにすると、自動的に次の画像へ切り替わるようになります。次の画像へ切り替える速度は「再生速度」で調整します。

サムネイル表示

　ONにすると、下部に「画像の一覧」がサムネイル表示されます。

濃い／薄い

　「前後へ移動するボタン」や「キャプションの背景」の色の濃さを選択します。

「フォトギャラリー」に登録した画像の並び順を変更したり、不要な写真を削除したりすることも可能です。これらの操作を行うときは、編集ツールの下部に表示されている画像の一覧を操作します。

また、をクリックすると、登録されている画像をリスト形式で縦に並べて表示できます。この表示方法に切り替えると、それぞれの画像に**リンク**を設定する、**キャプション**を指定する ※ 、といった操作を行えるようになります。

※ 指定したキャプションは、画像を拡大表示したとき、もしくは掲載方法に「スライダー」を選択したときに表示されます。

店舗や会場の場所などを地図で示したい場合に活用できるのが「Google マップ」です。続いては、「Google マップ」の使い方を解説します。

4.2.1 ▷ Google マップの作成手順

　ジンドゥークリエイターには、ホームページに「Google マップ」を埋め込む機能も用意されています。このため、自分で地図を作成しなくても簡単に場所を示すことができます。ページに「Google マップ」を配置するときは、以下のように操作します。

1 コンテンツを追加する位置にマウスを移動し、 ＋ コンテンツを追加 をクリックします。続いて、「その他のコンテンツ&アドオン」をクリックします。

2 「Google マップ」のアイコンをクリックします。

3 「Google マップ」の編集ツールが表示されます。「所在地」に住所（または名称）を
入力し、「検索」をクリックします。

■ **地図の操作について**　　　　　　　　　　　　　　　　　　　　│ Coulmn

　「Googleマップ」の編集ツールでは、地図の拡大／縮小やスクロールといった操作を行う
ことができません。地図上にピンで示す場所は、住所や建物名、施設名などを入力して指定
します。

4 指定した場所に ● のアイコンが表示されます。これが正しいことを確認してから
「保存」をクリックします。

■ **ピンの位置が正しくない場合は？**　　　　　　　　　　　　　│ Coulmn

　より正確な住所を入力して検索しなおすか、もしくはP141〜142に示した方法で緯度・
経度を指定すると、思い通りの位置に ● を表示できます。

「Google マップ」が作成される

5 以上で「Google マップ」の作成は完了です。

　なお、「Google マップ」の作成時に、地図のサイズ（高さ）を変更することも可能です。
この場合は、地図の下部にある ▨▨▨▨ を上下にドラッグします。また、 Earth を選択すると、
地図の表示を航空写真に切り替えることができます。

ここをドラッグして
地図のサイズ（高さ）を変更

こちらを選択

Google マップの動作確認

「Google マップ」を作成できたら、念のため、訪問者が実行可能な操作を確認しておきましょう。画面モードを**プレビュー**に切り替えて、地図の拡大／縮小、スクロール、拡大地図の表示などの動作を確認しておいてください。

緯度・経度でピンの位置を指定

住所や施設名がない場所に 📍 を配置することも可能です。この場合は、あらかじめ緯度・経度の数値を調べておき、その数値を使って 📍 を表示する位置を指定します。

1 Web ブラウザに「Google マップ」（https://www.google.co.jp/maps/）を表示し、ピンを表示したい位置をクリックします。

2 クリックした位置に ⊙ が表示されます。このアイコンを右クリックし、「緯度・経度の座標」を選択します（座標がコピーされます）。

3 ホームページの編集画面に戻り、「Google マップ」の編集ツールを表示します。続いて、先ほどコピーした座標を「所在地」に貼り付けて「検索」をクリックします。

　上記のように操作すると、好きな場所に ◉ を設置できます。住所がない場所を指定する場合だけでなく、正しい住所で検索しても微妙に位置がずれてしまう場合などにも応用できるので、ぜひ覚えておいてください。

4.3 YouTube動画の埋め込み

YouTubeなどで配信されている動画を自分のホームページに埋め込むことも可能です。続いては、「YouTube等」のコンテンツの使い方を解説します。

4.3.1　YouTube動画を埋め込む手順

　ジンドゥークリエイターには、**YouTube**などで配信されている動画を自分のホームページに埋め込む機能も用意されています。YouTube動画をホームページに埋め込むときは、以下のように操作します。

1　コンテンツを追加する位置にマウスを移動して ＋ コンテンツを追加 をクリックし、「YouTube等」のアイコンをクリックします。

2　「YouTube等」の編集ツールが表示されるので、YouTube動画のURLを入力し、「OK」をクリックします。

■ URLのコピー＆ペースト　　　　　　　　　　　　　　│ Coulmn

　YouTube動画のURLを入力するときは、コピー＆ペーストを利用すると便利です。あらかじめ、動画ページのURLを［Ctrl］＋［C］キーでコピーしておき、それを［Ctrl］＋［V］キーで貼り付けると、簡単にURLの入力を済ませることができます。

3 画面サイズや配置、比率を指定し、「保存」をクリックします。

　以上で「YouTube動画」の埋め込みは完了です。ホームページに埋め込んだ動画は、画面モードを**プレビュー**に切り替えて［再生］ボタンをクリックすると確認できます。

4.4 SNSとの連携

作成したホームページをTwitterやFacebookなどのSNSと連携させることも可能です。続いては、SNSとの連携機能について解説します。

4.4.1 シェアボタンの設置

TwitterやFacebookなどでホームページを拡散してもらえるように「**シェアボタン**」を追加しておくことも可能です。すべてのページに「シェアボタン」を設置したい場合は、サイドバーの領域に「シェアボタン」を追加しておくとよいでしょう。「シェアボタン」を設置するときは、以下のように操作します。

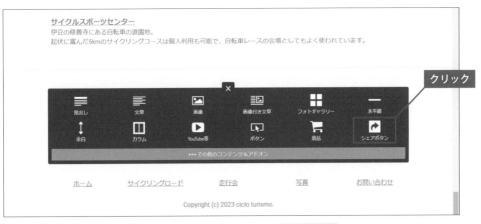

1 コンテンツを追加する位置にマウスを移動して ＋ コンテンツを追加 をクリックし、「シェアボタン」のアイコンをクリックします。

2 「シェアボタン」の編集ツールが表示されるので、アイコンを表示するSNSを選択します。

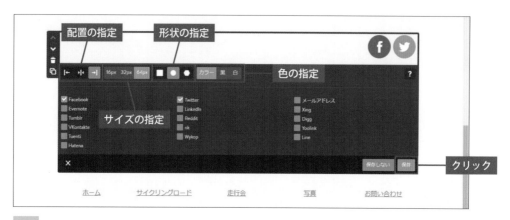

3 シェアボタンの配置、サイズ、形状、色を指定し、「保存」をクリックします。

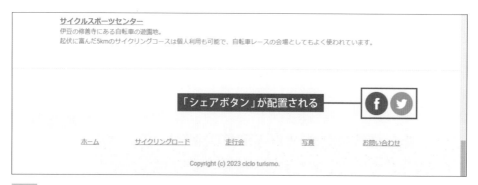

「シェアボタン」が配置される

4 以上で「シェアボタン」の設置は完了です。

なお、「シェアボタン」をクリックしたときの動作は、画面モードを**プレビュー**に切り替えると確認できます。

■ **Facebook**のアイコンをクリックした場合　　■ **Twitter**のアイコンをクリックした場合

Facebookの「いいね！」を設置したり、自分のFacebookをホームページに埋め込んだりすることも可能です。この場合は「Facebook」のコンテンツをページに追加します。

すると、以下の図のような編集ツールが表示されます。「いいね！」を設置するときは、［いいね！ボタン］タブを選択し、ボタンの表示方法を4種類の中から選択します。

Facebookページを作成している方は、そこで発信した投稿（ストリーム）をホームページに埋め込むことも可能です。この場合は、［Facebookページ］タブを選択し、FacebookページのURLと表示する内容を指定します。

画面モードをプレビューに切り替えて表示を確認すると、「Facebook」のコンテンツ部分に Facebook に接続する が表示されているのを確認できます。このボタンをクリックすると、Facebookの投稿が表示されます。

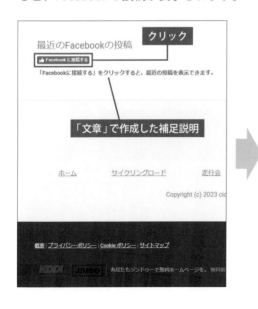

訪問者がFaceboookの投稿を見るには、  をクリックする必要があります。少しわかりにくいので、「文章」などのコンテンツで補足説明しておくとよいでしょう。

4.4.3 ▶ Twitterのフォローボタンの設置

Twitterの**フォローボタン**を設置する機能も用意されています。この場合は、「その他のコンテンツ＆アドオン」を開いて、「**Twitter**」のアイコンをクリックします。

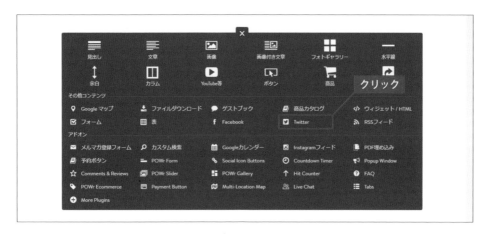

すると、以下の図のような編集ツールが表示されるので、Twitterのユーザー名を入力し、ボタンの表示方法を選択します。

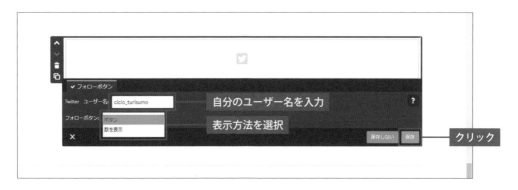

この場合も**プレビュー**で表示を確認すると、 Twitter に接続する が表示されているのを確認できます。このボタンをクリックすると、Twitterのフォローボタンが表示される、という動作になります。

4.5 ゲストブックの設置

ホームページを訪れた人がコメントを書き込める「ゲストブック」も用意されています。続いては、「ゲストブック」の設置方法を解説します。

4.5.1 ゲストブックの設置手順

「**ゲストブック**」は、ホームページを訪れた人が意見や感想などを自由に書き込めるコメント欄です。訪問者とコミュニケーションをとる手段として活用できるでしょう。「ゲストブック」を設置するときは、以下のように操作します。

1 コンテンツを追加する位置にマウスを移動して ＋ コンテンツを追加 をクリックし、「その他のコンテンツ＆アドオン」をクリックします。

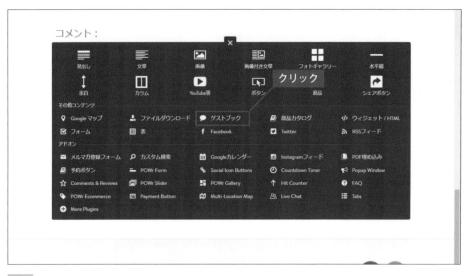

2 「ゲストブック」のアイコンをクリックします。

3 「ゲストブック」の編集ツールが表示されるので、コメント欄の設定を行ってから
「保存」をクリックします。

■ ゲストブックの設定 | Coulmn

　「ゲストブック」を設置するときは、以下の項目について設定を行います。なお、この設定
は、いつでも変更することが可能です。

■表示順

　書き込まれたコメントを並べる順番を指定します。

■テキスト領域を表示する

　「はい」を選択すると、訪問者がホームページURLを入力できるテキストボックスが表示さ
れます。

■内容管理

　「はい」を選択すると、承認したコメントだけを公開できるようになります。「いいえ」の
場合は、コメントが即座に公開されます。

■メールでの通知

　コメントが入力された際に、その内容を自分宛にメールで知らせるかを指定します。

■reCAPTCHA（スパム対策）

　プログラムを使った自動入力ではないことを確認するチェック欄が表示されます。

■新しいコメントを有効

　この設定を「いいえ」に変更するとコメントの入力欄が表示されなくなり、訪問者は新しい
コメントを書き込めなくなります。

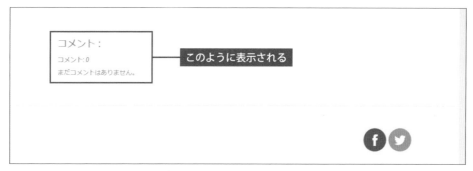

4 ホームページに「コメント：0　まだコメントはありません。」と表示されます。以上で「ゲストブック」の設置は完了です。

4.5.2 ゲストブックの動作確認

　設置した「ゲストブック」の動作を確認するときは、画面モードを**プレビュー**に切り替えて操作します。試しに、テスト用の文字などを入力して「送信」してみるとよいでしょう。

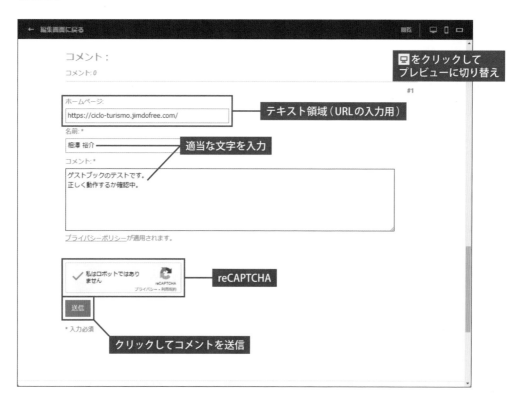

　なお、**reCAPTCHA（スパム対策）**を有効にしている場合は、プログラムを使った自動入力でないことを証明するために、画像を選択する画面が表示されます。ここで正しい画像をすべて選択してから「確認」をクリックすると、コメントを送信できるようになります。

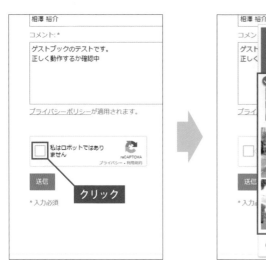

正しい画像
を選択

クリック

4.5.3 ▶ コメントの承認と削除

　「ゲストブック」の動作を確認できら、テスト用コメントの承認・削除を試してみましょう。以下のように操作してコメントの承認・削除を行ってください。同様の手順で、訪問者が書き込んだコメントを承認したり、削除したりすることが可能です。

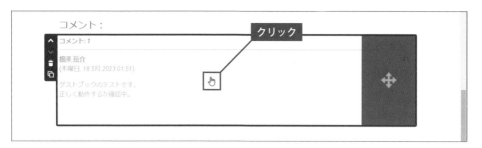

1 ホームページの編集画面に戻り、「ゲストブック」のコンテンツをクリックします。

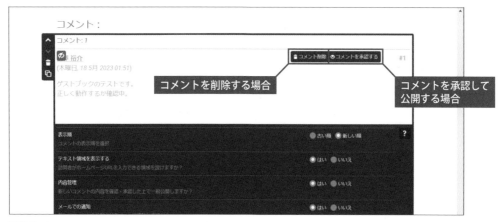

コメントを削除する場合

コメントを承認して
公開する場合

2 各コメントの右側に表示されるボタンをクリックして、コメントの承認や削除を実行します。

4.6 フォームの設置

訪問者からの意見や要望などをメールで受け取れる「フォーム」を設置することも可能です。続いては、フォームの設置手順について解説します。

4.6.1 フォームの設置手順

「**フォーム**」は、ホームページを訪問した人が質問や要望などをサイト制作者（自分）に送信できる機能です。「お問い合わせ」ページを作成する場合などに活用するとよいでしょう。「フォーム」を設置するときは、以下のように操作します。

1 コンテンツを追加する位置にマウスを移動して ＋ コンテンツを追加 をクリックし、「その他のコンテンツ＆アドオン」をクリックします。

2 「フォーム」のアイコンをクリックします。

いずれかを選択

3 「フォーム」の編集ツールが表示されるので、⊟または⊟をクリックして入力欄の配置を指定します。

スパム防止

クリックしてONにする

メールアドレスを確認

4 続いて、◺（スパム防止）のアイコンをクリックしてONにし、メッセージを受信するメールアドレスを確認します。

5 必要に応じて「メッセージが送信された後に表示する文章」を修正します。続いて、「保存」をクリックします。

6 以上で「フォーム」の設置は完了です。

設置した「フォーム」の動作を確認するときは、画面モードを**プレビュー**に切り替えて操作します。試しに、テスト用のメッセージを入力して「送信」してみるとよいでしょう。

メッセージを送信できたら、実際にメッセージが届いているか確認してみましょう。このメッセージは、アカウント登録時に入力したメールアドレス宛に届きます ※。

※ 別のメールアドレスを宛先として登録することも可能です（詳しくはP201～202を参照）。

受信メールを確認すると、「新しいメッセージ（自分のURL）」という件名のメールが届いています。このメールを開くと、先ほど「フォーム」に入力した内容を確認できます。

ファイルの配布

ホームページでPDFなどのファイルを配布することも可能です。この場合は
「ファイルダウンロード」というコンテンツを使用します。

4.7.1 ファイルダウンロードの配置手順

　「**ファイルダウンロード**」は、PDFなどのファイルをホームページからダウンロードで
きるようにするコンテンツです。ホームページでファイルを配布するときは、以下のよ
うに操作して「ファイルダウンロード」を配置します。

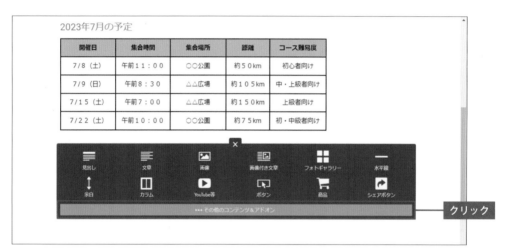

1 コンテンツを追加する位置にマウスを移動して ＋コンテンツを追加 をクリックし、「その他の
コンテンツ＆アドオン」をクリックします。

2 「ファイルダウンロード」のアイコンをクリックします。

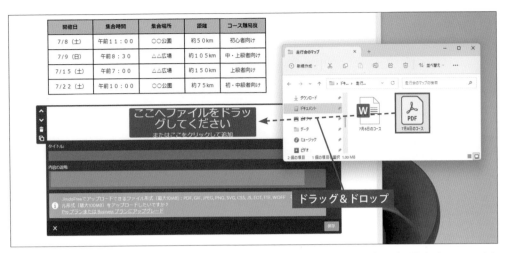

開催日	集合時間	集合場所	距離	コース難易度
7/8（土）	午前１１：００	○○公園	約５０km	初心者向け
7/9（日）	午前８：３０	△△広場	約１０５km	中・上級者向け
7/15（土）	午前７：００	△△広場	約１５０km	上級者向け
7/22（土）	午前１０：００	○○公園	約７５km	初・中級者向け

3 「ファイルダウンロード」の編集ツールが表示されるので、ホームページで配布するファイルをドラッグ＆ドロップして指定（アップロード）します。

※指定可能なファイルに制限があります。詳しくはP160のコラムを参照してください。

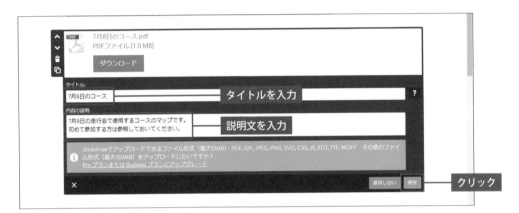

4 配布するファイルの「タイトル」と「内容の説明」を入力し、「保存」をクリックします。

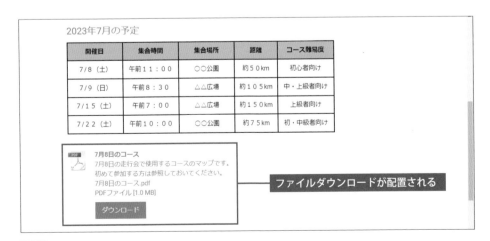

5 以上で「ファイルダウンロード」の配置は完了です。

　配置した「ファイルダウンロード」の動作を確認するときは、画面モードを**プレビュー**に切り替えて操作します。「ダウンロード」ボタンをクリックすると、ファイルのダウンロードが実行されるのを確認できると思います。

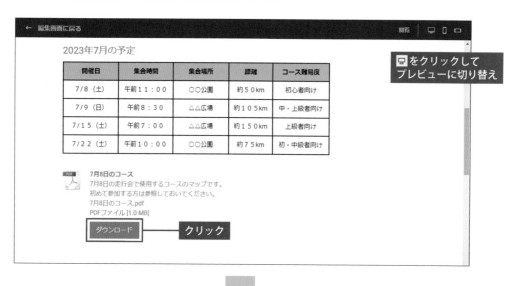

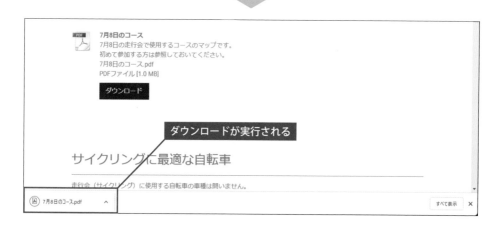

■ FREE プランで指定できるファイル形式　　　　　　　　　　　　　　　　　| Coulmn

　「ファイルダウンロード」に指定できるファイルの形式（拡張子）は以下の9種類です。また、1回の操作でアップロードできるファイル容量は10MBまでに制限されています。

■ FREE プランで指定できるファイル形式（拡張子）
　gif、jpeg、png、css、pdf、ttf、woff、eot、javascript

　PROプランやBUSINESSプランにアップグレードすると、Wordファイルや動画ファイル、音声ファイルなども指定できるようになります。また、1回の操作でアップロードできるファイル容量が100MBまで増加します。

4.8 ブログの開設

近況報告やキャンペーン情報などをホームページで伝えたい場合に「ブログ」を活用することも可能です。続いては、ブログの作成方法を解説します。

4.8.1 ブログを有効にする

　ジンドゥークリエイターには、ホームページの中に**ブログ**を作成する機能も用意されています。このため、他社のブログサービスを契約しなくてもブログを作成することが可能です。ブログを開設するときは、「**管理メニュー**」を開いて「**ブログ**」の項目を選択し、「**ブログを有効にする**」をクリックします。

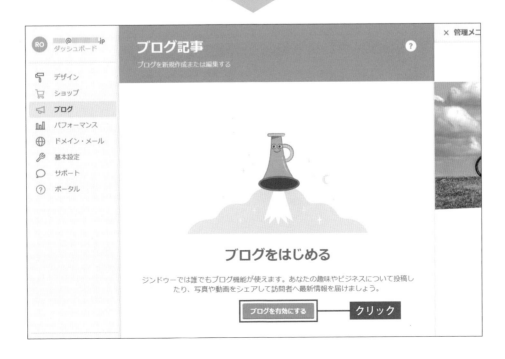

以上で「ブログ」の開設は完了です。X をクリックして「管理メニュー」を閉じます。

4.8.2 メニューの確認

「ブログ」を有効にすると、メニューに「ブログ」という項目が追加されます。

もちろん、各メニューの並び順を変更することも可能です。この場合は、「ナビゲーションの編集」をクリックし、∧や∨を使って順番を並べ替えます。

4.8.3 ▶ ブログ記事の作成

これで準備は完了です。さっそくブログ記事を作成してみましょう。ブログ記事を作成するときは、以下のように操作します。

1 「管理メニュー」をクリックし、「ブログ」を選択します。

2 このような画面が表示されるので、「新しいブログを書く」をクリックします。

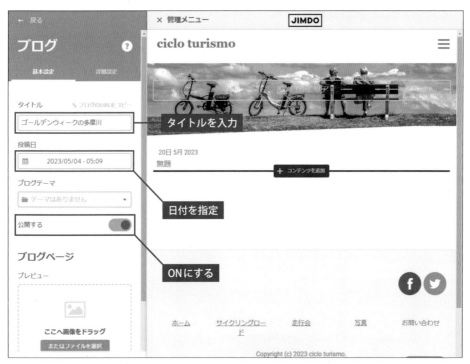

3 ブログ記事の「タイトル」を入力し、「投稿日」の日付を指定します。続いて、「公開する」をONに変更します。

■ ブログ記事を「下書き」として作成する場合 | Coulmn

「公開する」をOFFにしたまま作業を続けることも可能です。この場合は「下書き」として処理されるため、ブログ記事はホームページに掲載されません。ブログ記事が完成した時点で「公開する」をONに変更して、ブログ記事をホームページに掲載します。

4 ブログページ（記事の一覧ページ）に表示する「画像」を指定し、「概要」の文章を入力します。続いて、「保存」をクリックします。

※画像の指定を省略することも可能です。この場合は、ブログ記事の本文に配置した画像が自動指定されます。

5 次は、ブログ記事の本文を作成します。この手順は、通常のホームページを作成する場合と同じです。 ＋ コンテンツを追加 をクリックして「文章」や「画像」などのコンテンツを配置していきます。

ブログ記事の本文を作成

6 以上で、ブログ記事の作成は完了です。⊠をクリックして「管理メニュー」を閉じます。

　続いて、作成したブログ記事の表示を確認していきますが、記事が1件だけでは状況を把握しづらいので、2～3件ほどブログ記事を作成しておきましょう（ブログ記事はいつでも削除できるので、内容がダミーのブログ記事を作成しても構いません）。

　新しいブログ記事を作成するときは、「**管理メニュー**」を開いて「**ブログ**」の項目を選択し、「**新しいブログを書く**」をクリックします。以降の操作手順は、先ほど解説した手順と同じです。

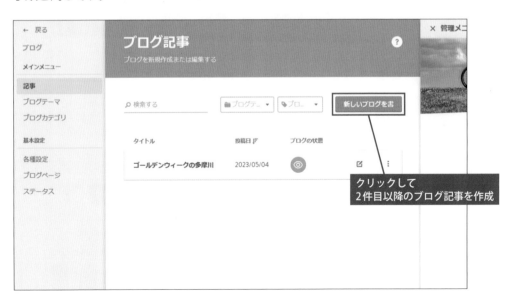

クリックして
2件目以降のブログ記事を作成

ブログ記事を2〜3件ほど作成できたら、**ブログページ**（記事の一覧ページ）の**レイアウト**を指定します。「管理メニュー」を開いて以下のように操作し、好きなレイアウトを選択します。

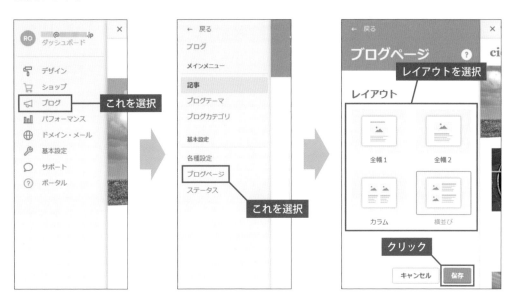

その後、「**ブログ**」のメニューをクリックすると、記事の一覧を表示できます。

※「公開する」をOFFにしているブログ記事は、ブログページに表示されません。

各記事にある「続きを読む」をクリックすると、**ブログ記事の本文**を表示できます。この画面で、各ブログ記事の本文を編集しなおすことも可能です。

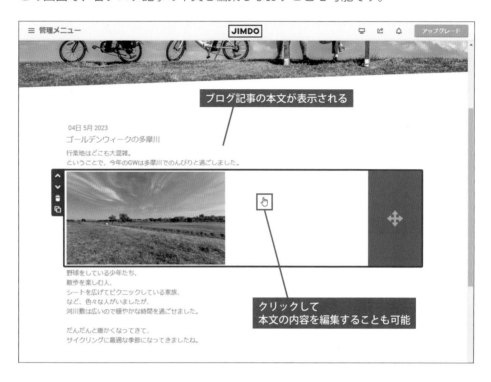

4.8.5 ブログ記事の管理

続いては、ブログ記事を管理する方法を紹介します。「**管理メニュー**」を開いて「ブログ」の項目を選択すると、作成したブログ記事の一覧を表示できます。

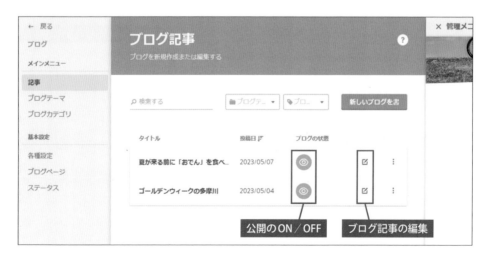

各記事の右側にある ☑ をクリックすると、そのブログ記事を再編集できます。また、◉ をクリックして、ブログ記事の公開のON／OFFを変更することも可能です。

ブログ記事を削除するときは、［ ⋮ ］をクリックし、「**ブログを削除**」を選択します。ブログページの表示を確認するために「ダミーの記事」を作成した場合は、この手順で不要なブログ記事を削除しておいてください。

4.8.6 ブログの各種設定

それぞれのブログ記事に**コメント欄**を用意したり、**シェアボタン**を配置したりすることも可能です。これらは「**各種設定**」で指定します。

それぞれの設定項目で指定できる内容は、以下のとおりです。なお、設定を変更したときは、画面右下にある「**保存**」をクリックする必要があります。忘れないように注意してください。

日付

「投稿日」の日付を表示するかを指定します。日付の表示形式も指定できます。

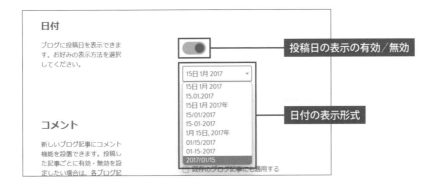

コメント

各記事の最後に、訪問者がコメントを書き込める「コメント欄」を配置できます。

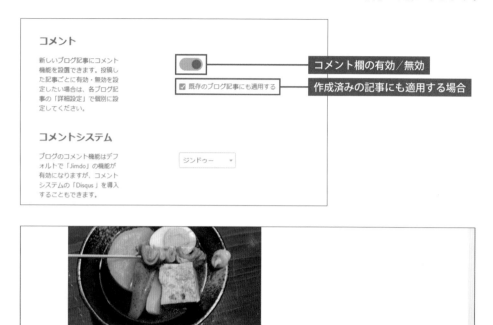

記事ごとにコメント欄の設定を変更することも可能です。この場合は、ブログ記事の本文のページへ移動し、コメント欄をクリックして設定を変更します。それぞれの設定項目で指定できる内容は、「ゲストブック」のコンテンツと同じです（詳しくはP151を参照）。

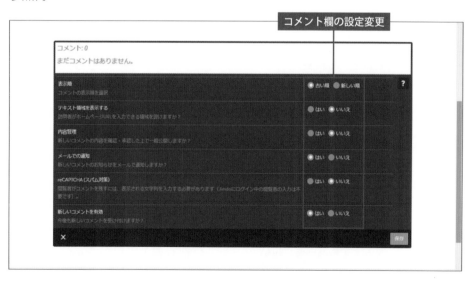

シェアボタン

各記事にSNSの「シェアボタン」を配置できます。

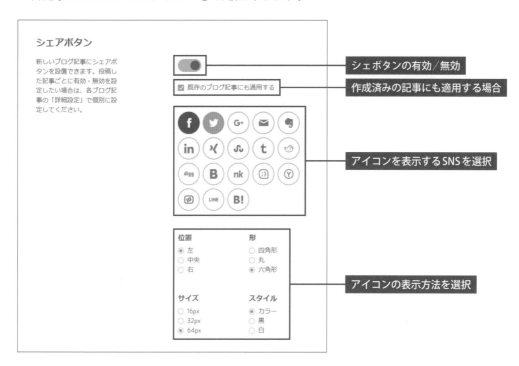

ブログ記事に配置された「シェアボタン」

なお、それぞれのブログ記事で「コメント欄」や「シェアボタン」の表示を個別に指定することも可能です。この場合は、ブログ記事の編集画面を開き、［詳細設定］タブで各機能の有効／無効を指定します。

4.8.7 テーマとカテゴリ

それぞれのブログ記事を**テーマ**に分類して管理することも可能です。この場合は、あらかじめ自分でテーマを作成しておく必要があります。

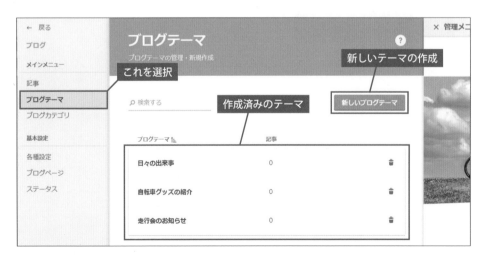

テーマを作成すると、「ブログ」メニューの下に「各テーマのサブメニュー」が表示され、各テーマに所属するブログ記事だけを一覧表示できるようになります。

※レイアウトによっては、「ブログ」のページへ移動した後にサブメニューが表示される場合もあります。

　なお、それぞれのブログ記事を「どのテーマに所属させるか？」は、ブログ記事の編集画面で指定します。

　そのほか、**カテゴリ**を指定してブログ記事を分類する方法も用意されています。こちらは、ブログ記事の編集画面の［**詳細設定**］**タブ**で指定します。

テーマとカテゴリの違いは「指定できる分類（キーワード）の数」にあります。それぞれのブログ記事が所属できるテーマは1つだけです。一方、カテゴリは、1つの記事に複数のキーワードを指定することが可能です。

ブログ記事にカテゴリを指定すると、本文ページの末尾にカテゴリがリンクとして表示されます。このリンクをクリックすると、同じカテゴリのブログ記事を一覧表示できます。

ブログ記事に「カテゴリ」を指定した場合

ブログ記事が何十件にも増えてきたら、訪問者の利便性を高めるためにも、記事をテーマやカテゴリで分類しておくとよいでしょう。

■ ブログを無効にするには？ | Coulmn

ブログの掲載を中止するときは、ブログの「ステータス」を無効に変更します。すると「ブログ」のメニューが削除され、ブログが閲覧不可の状態になります。ブログを中断するときの操作手順として、念のため覚えておいてください。

※ これまでに作成した記事は、そのまま管理画面に保管されます。このため、ブログを有効に戻すことで、いつでもブログを再開することが可能です。

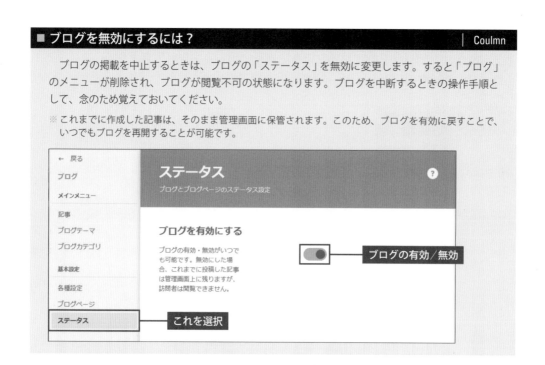

Chapter 5

ホームページの
スタイルと設定

各コンテンツの書式を指定できる「スタイル」という
機能も用意されています。この機能を使って「見出し」
や「ボタン」、「水平線」、「ナビゲーション」などの書式
を指定することも可能です。第5章では、スタイルの
使い方とホームページの設定について解説します。

5.1 スタイルの指定

各コンテンツの書式をカスタマイズするときは「スタイル」を利用します。ここでは、スタイルを使って書式を指定する方法を解説します。

5.1.1 スタイルとは？

　P78〜82で解説したように、「**文章**」のコンテンツでは「文字の書式」を自由に指定することができました。一方、「**見出し**」のコンテンツには「大／中／小」といった大まかなサイズ指定しか用意されていませんでした。このため、「見出しの文字も自由に書式を指定できたらいいのに……」と思っていた方も沢山いると思います。

　実は「見出し」の文字も書式を変更することが可能です。この場合は、**スタイル**という機能を使って書式を指定します。

　スタイルは、"ホームページ全体"に対して書式を指定する機能です。たとえば、スタイルを使って「見出し」の書式を指定すると、ホームページ内にあるすべての「見出し」が同じ書式に変更されます。スタイルは、個々の文字（または段落）に対して書式を指定する機能ではなく、ホームページ全体を対象に書式を指定する機能となります。

5.1.2 見出しのスタイル

　それでは、スタイルを使った書式指定の操作手順を解説していきましょう。P34〜36でもスタイルの使い方を紹介しているので、そちらも参考にしてください。ここでは、小サイズの「見出し」の書式を変更する場合を例に操作手順を解説します。

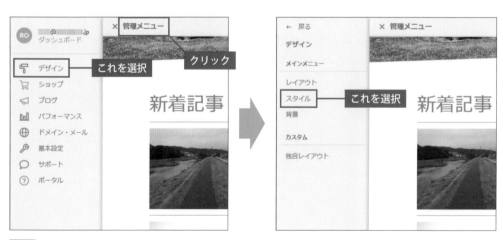

1 「管理メニュー」をクリックし、「デザイン」→「スタイル」を選択します。

2 詳細設定を「オン」にします。マウスポインタの形状が 🔽 になるので、小サイズの「見出し」の領域をクリックします。

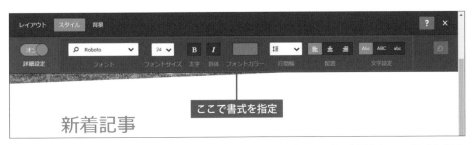

3 画面上部にツールバーが表示されるので、ここで小サイズの「見出し」の書式を指定します。

4 書式を指定できたら「保存」をクリックします。その後、✕ をクリックしてスタイルを指定する画面を閉じます。

5 小サイズの「見出し」の文字が指定した書式に変更されます。

　今回の例では小サイズの「見出し」を対象に書式を指定しました。この場合、ホームページ内にある**すべての小サイズ**の「**見出し**」が同じ書式に変更されます。もちろん、同様の手順で**大サイズ**や**中サイズ**の「見出し」の書式を変更することも可能です。

　このように、スタイルを使って書式を指定するときは、☰で書式指定の対象を選択し、画面上部に表示されるツールバーで書式を指定するのが基本となります。

5.1.3 ▶ 文章とリンク文字のスタイル

　同様の手順で「文章」の書式をまとめて変更することも可能です。「文章」のコンテンツは編集ツールでも文字の書式を指定できますが、ホームページ全体の文字色を変更する場合など、そのつど書式指定を行っていると大変な作業になってしまう場合もあります。このような場合はスタイルを使って書式を指定すると、一度の操作で**すべての「文章」の書式**を変更できます。

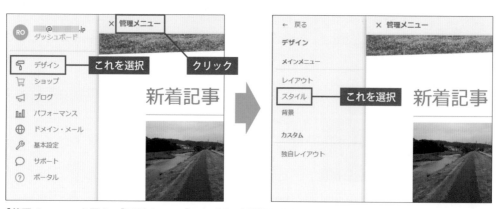

「管理メニュー」を開き、「デザイン」→「スタイル」を選択します。

マウスポインタの形状がになるので、「文章」の領域をクリックします。

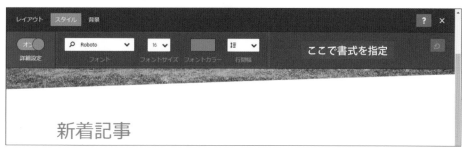

「文章」のスタイルでは、フォント、文字サイズ、文字の色、行間隔といった書式を指定できます。

　「文章」のスタイルで**フォント**を指定すると、「**画像付き文章**」をはじめ、「**画像**」の**キャプション**や「**ボタン**」**の文字**なども同じフォントに変更されます。影響を与える範囲が大きいので慎重に作業を進めるようにしてください。

　なお、「文章」の編集ツールで文字の書式を指定していた場合は、「編集ツールで指定した書式」が「スタイルの書式」より優先される仕組みになっています。「文章」のスタイルを指定するときは、このようなルールがあることも覚えておいてください。

■ スタイルを最初の状態に戻すには？　　　　　　　　　　　　　Coulmn

　ツールバーの右端にある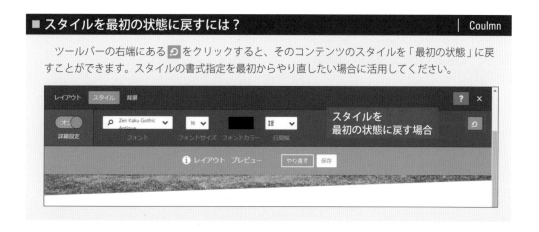をクリックすると、そのコンテンツのスタイルを「最初の状態」に戻すことができます。スタイルの書式指定を最初からやり直したい場合に活用してください。

「文章」のコンテンツ内にある**リンク文字**の色を指定することも可能です。この場合は、マウスポインタを🔒にした状態で「リンク文字」をクリックします。

すると、色を指定する項目が2つ表示されます。リンク文字の色は「右側の項目」で指定します。「左側の項目」は、マウスをリンク文字の上へ移動したとき（マウスオーバー時）の色を指定します。たとえば、リンク文字の色を「青色」、マウスオーバー時の色を「赤色」に指定すると、リンク文字の表示を以下の図のようにカスタマイズできます。

5.1.4 ボタンと水平線のスタイル

　スタイルを使って「**ボタン**」の書式をカスタマイズすることも可能です。ボタンには「**スタイル1**」～「**スタイル3**」の3種類のデザインが用意されています。これらのデザインを、それぞれ個別にカスタマイズしていくことが可能です。

　たとえば、「スタイル2」のボタンをクリックして書式を指定すると、他の「スタイル2」のボタンも同じ書式に変更されます。

※（active）の項目には「マウスオーバー時」の色を指定します。

また、「水平線」の書式をカスタマイズすることも可能となっています。この場合は、で「水平線」をクリックして書式を指定します。ただし、「水平線」は細いため、クリックするのが難しいことに注意してください。の左上部分が「水平線」の真上に来るようにマウスを移動してクリックするのがコツです。

※「水平線」の周囲に「青い枠線」が表示された状態でクリックします。

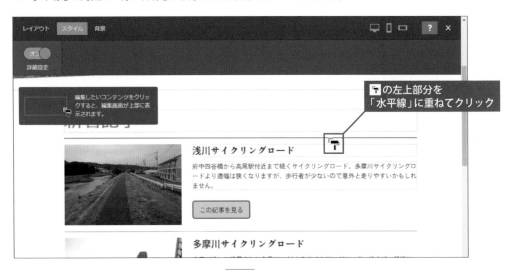

マウスポインタを にした状態でメニューの文字をクリックすると、**ナビゲーショ**
ンの書式をカスタマイズできます。ここでは、フォント、文字サイズ、太字、斜体、文
字の色、背景色、文字設定（大文字／小文字の表記）といった書式を指定できます。

※（active）の項目には「選択中」や「マウスオーバー時」の色を指定します。

　ナビゲーションのカスタマイズは、メニューの配置が乱れてしまったときにも活用で
きます。このような場合は、文字サイズを小さくするとメニューを正しく配置できる
ケースもあります。

なお、レイアウトによっては**ナビゲーションの配置や背景色**を指定できる場合もあります。この場合は、ナビゲーションの領域内を でクリックして書式を指定します。

5.1.6 背景のスタイル

ホームページ内の余白を でクリックすると、**ホームページ全体の背景色**を指定できます。ホームページの雰囲気を変更したい場合などに活用できるので、気になる方は試してみてください。

スタイルを使って「**フォーム**」の書式を変更することも可能です。この場合は**入力欄の枠線**を でクリックします。

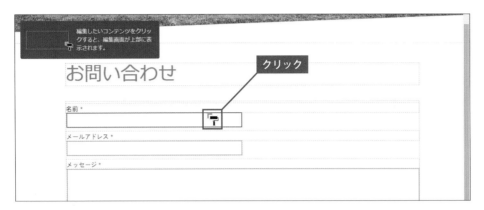

「フォーム」の場合は、文字の色、枠線の色（通常時と選択時）の書式を指定できます。

書式を指定できたら、画面モードを**プレビュー**に切り替えて表示を確認します。

また、「**送信**」ボタンの書式もカスタマイズできます。この場合は、「送信」ボタンを
でクリックします。

指定できる書式は、文字サイズ、文字の色、背景色、枠線の色／太さ、角丸です。「通常時」
と「マウスオーバー時」の色を個別に指定できます。

なお、「送信」ボタンの書式を変更すると、以下のボタンも同じ書式に変更されること
に注意してください。

■ **書式指定の影響を受けるボタン**
 ・「ファイルダウンロード」の「**ダウンロード**」ボタン
 ・ブログ記事のコメント欄にある
  「**コメントをお書きください**」と「**送る**」のボタン

5.1.8 ブログのスタイル

　スタイルを使って**ブログのタイトル**の書式をカスタマイズすることも可能です。この場合は、ブログページを表示して「ブログのタイトル部分」を［T］でクリックします。

　指定した書式は、ブログ記事の本文ページに表示される「ブログのタイトル」にも反映されます。

■ スタイルの引き継ぎ　　　　　　　　　　　　　　　　　　　　　　　　│ Coulmn

　ブログの「投稿日」や「概要」の文字は、「文章」に指定したスタイルが引き継がれます。また、「続きを読む」や「テーマ」、「カテゴリ」などの文字は、「リンク文字」に指定したスタイルが引き継がれます。

5.1.9 ▶ サイドバーとフッターのスタイル

　サイドバーの領域に配置した「文章」や「リンク文字」、「水平線」などの書式もカスタマイズできます。これらのスタイルは**サイドバーの領域内でのみ適用される書式指定**となるため、メイン領域には影響を与えません。たとえば、同じ「文章」のコンテンツであっても、「メイン領域」と「サイドバー領域」でそれぞれ別の書式を指定できます。

　書式をカスタマイズするときは、サイドバーの領域内にある各コンテンツを🖌️でクリックします。余白をクリックして、サイドバーの領域の「背景色」を指定することも可能です。

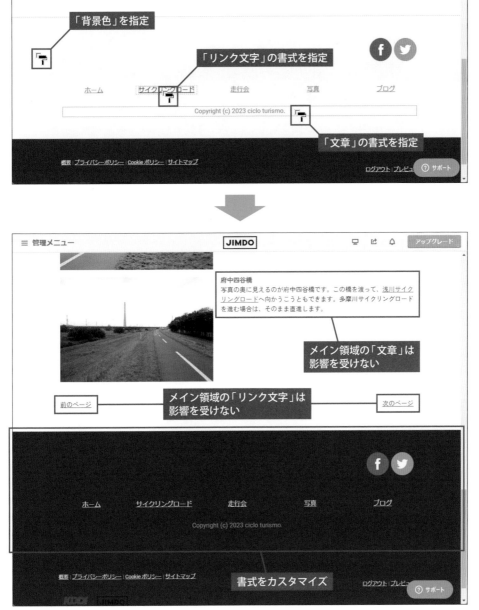

サイドバーの領域をカスタマイズした例

同様の手順で、各ページの最下部にある**フッター**の領域を個別にカスタマイズすることも可能です。この場合は、フッターの領域内にある「リンク文字」や「余白」を🖌でクリックして書式を指定します。

フッターの領域をカスタマイズした例

5.2 ホームページの基本設定

続いては、ホームページの基本設定について解説します。各自の状況に応じた最適な設定になるように、各項目で設定できる内容を把握しておいてください。

5.2.1 設定画面の表示

ホームページの設定画面を表示するときは、「**管理メニュー**」をクリックし、「**基本設定**」を選択します。

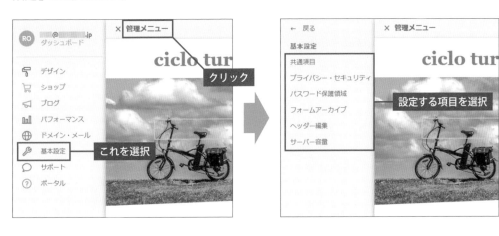

5.2.2 共通項目

「**共通項目**」を選択すると、以下のような設定画面が表示されます。ここでは**画面上部のタブ**で設定する項目を選択し、設定内容を確認・修正していきます。

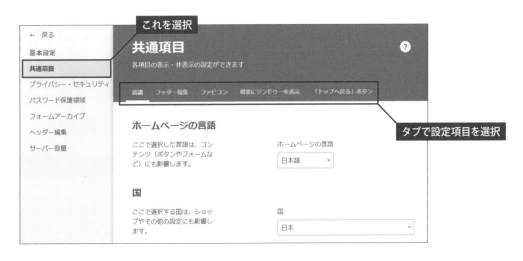

■ 言語

　「ホームページの言語」と「国」を指定します。国内向けに日本語のホームページを作成する場合は、初期設定のままで構いません。

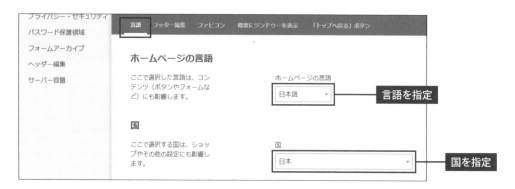

■ フッター編集

　フッターに配置する**コピーライト**や**リンク**を指定します。「コピーライト」のテキストボックスに文字を入力すると、その文字がフッターに表示されます。なお、ホームページで商品を販売しない場合は、念のため「**配送/支払い条件**」のチェックボックスをOFFにしておいてください。

■ フッターに配置するリンクの編集　　　　　　　　　　　　　| Coulmn

　PROプランやBUSINESSプランにアップグレードすると、「概要」、「サイトマップ」、「プライバシーポリシー」、「ログインリンク」の項目もON／OFFを指定できるようになります。さらに、フッターに表示されている「ジンドゥーの広告」を非表示にできます。

■ ファビコン

Webブラウザのタブ部分に表示する**ファビコン**（アイコン画像）を指定できます。ファビコン用の画像は、32×32（または16×16）ピクセル、拡張子.png／.ico／.bmpのファイル形式で作成しておく必要があります。

ファビコン画像の
アップロード

ファビコン

■ 概要にジンドゥーを表示

PROプランやBUSINESSプランにアップグレードすると、概要ページに表示される「このホームページはジンドゥーで作成されました」のメッセージを非表示にできます。

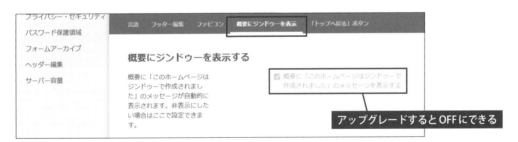

アップグレードするとOFFにできる

概要ページに表示されるメッセージ

概要ページは、フッターにある「概要」のリンクをクリックすると表示できます。概要ページも、その内容を自由に編集することが可能です。

■「トップへ戻る」ボタン

ページの最上部まで自動スクロールする「**トップへ戻る**」ボタンの表示／非表示を指定
できます。このボタンを設置しておくと、スマートフォンでホームページを閲覧したと
きの操作性が向上します（このボタンはPC版のホームページにも表示されます）。

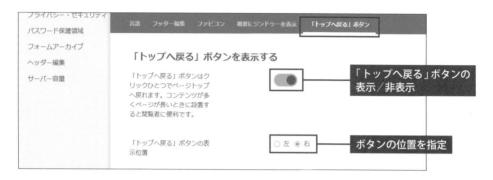

5.2.3 ▶ プライバシー・セキュリティ

基本設定の「**プライバシー・セキュリティ**」を選択すると、**クッキー**や**reCAPTCHA**な
どに関連する設定を指定できます。ただし、少し上級者向けの設定になるので、よく
分からない方は不用意に設定を変更しないように注意してください。

■ Cookieの使用

「Cookieの使用に同意するか？」を確認する**Cookie**バナーの表示／非表示を指定でき
ます。EUをはじめ、Cookieの使用に承諾が必要な国に向けたホームページを作成する
ときは、Cookieバナーの表示が必須となります。

日本国内向けのホームページの場合、Cookie バナーの表示は必須ではありませんが、最近は閲覧者のプライバシーを尊重するためにCookie バナーを表示するホームページが増えてきています。

Cookie バナー

■ Cookie バナーのデザインについて　　　　　　　　　　　　　　　Coulmn

　　Cookie バナーは、近日中にデザインが変更される予定です。このため、上図とは異なるデザインでCookie バナーが表示される可能性があります。

■ Cookie ボタンのカスタム設定

　Cookie バナーのボタン内のテキストをカスタマイズできます。ただし、通常はカスタマイズしないで、そのまま使用することをお勧めします。

■ Google アナリティクス利用の告知

　チェックを入れると、自動的にGoogle アナリティクスに関する情報を表示します。

※ホームページでGoogle アナリティクスを利用している場合は、「そのことを告知する義務がある」と定められている国もあります。

■ reCAPTCHAとプライバシーポリシー

「プライバシーポリシー」のページに「reCAPTCHAに関する情報を掲載するか？」を指定します。「フォーム」や「ゲストブック」で**reCAPTCHA**（スパム対策）を利用している場合は、「**reCAPTCHAについて表示する**」をONにしておく必要があります。

■ プライバシーポリシーに関する記述

「フォーム」や「ゲストブック」、「ブログ記事のコメント欄」において、「送信」ボタンの上に表示される「プライバシーポリシーが適用されます」の文章を編集できます。

■ プライバシーポリシーを設定する

「プライバシーポリシー」のページに記載を追加するときに利用します。ここに入力した文章は、「プライバシーポリシー」のページに掲載されます。

■「準備中モード」と「COOKIE」　　　　　　　　　　　　　　　　　Coulmn

「準備中モード」と「COOKIE」のタブでは、以下の設定を変更できます。なお、「準備中モード」はPROプランやBUSINESSプランにアップグレードすると設定可能になります。

- 準備中モード .... 編集中のページを非公開にする機能を利用できます。
- COOKIE .... Cookieポリシーを追加できます。

5.2.4 ▶ パスワード保護領域

基本設定の「**パスワード保護領域**」は、閲覧時にパスワードの入力が必要なページを設定するときに利用します。会員だけが閲覧できるページを用意したり、作成途中のページが閲覧されないように保護したりするときに活用するとよいでしょう。

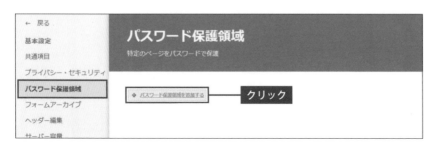

特定のページをパスワードで保護するときは、「パスワード保護領域を追加する」を
クリックし、以下のように操作します。

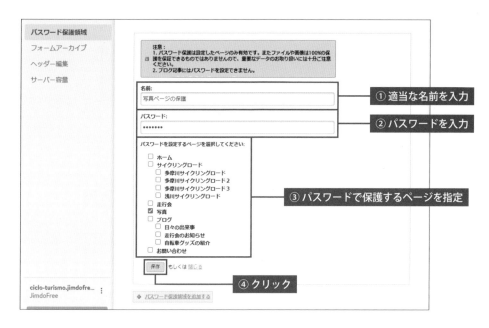

続いて、動作を確認しておきます。画面モードをプレビューに切り替えてから「パス
ワードで保護したページ」へ移動すると、パスワードの入力欄が表示されます。ここに
正しいパスワードを入力して「ログイン」をクリックすると、ページの内容を表示でき
ます。もちろん、パスワードが間違っていた場合は、ページの内容は表示されません。

なお、「パスワード保護領域」を解除したり、設定を修正したりするときは、もういち
ど基本設定の画面を開き、以下のリンクをクリックします。先ほど設定した「パスワー
ド保護領域」とは別に、新しい「パスワード保護領域」を設定することも可能です。

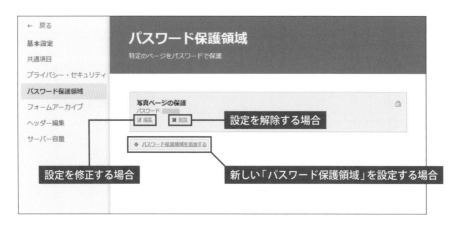

5.2.5 フォームアーカイブ

　基本設定の「**フォームアーカイブ**」には、これまでに「**フォーム**」から送信された
メッセージが保管されています。このため、いちいち受信メールを確認しなくても、
このページで過去に届いたメッセージを確認することが可能です。ただし、この機能を
利用するには、PROプランやBUSINESSプランにアップグレードする必要があります。

5.2.6 ヘッダー編集

基本設定の「**ヘッダー編集**」は、HTMLの<head> 〜 </head>に記述を追加するときに利用します。独自のCSSを追加したり、メタタグを追加したりする場合に活用できます。ただし、少し上級者向けの機能になるので、よく分からない方は安易に変更しないように注意してください。

5.2.7 サーバー容量

基本設定の「**サーバー容量**」を選択すると、現在、使用しているサーバー容量を確認できます。「あと、どれくらい画像や動画を掲載できそうか？」などの目安として、定期的に確認しておくとよいでしょう。

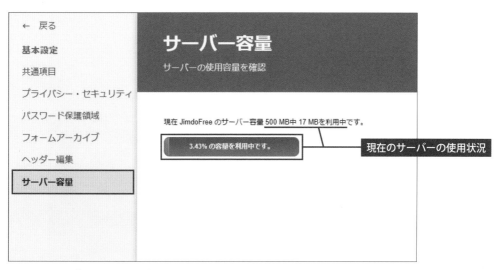

※BUSINESSプランは容量無制限になるため、具体的な容量確認はできません。

5.3 アカウントの設定

ログイン用のパスワードを変更したり、メールアドレスを追加登録したりすることも可能です。続いては、アカウントの設定について解説します。

5.3.1 アカウントの設定画面の表示

アカウントの設定を変更するときは、**ダッシュボード**を開き、画面の左下にある「**アカウント**」を選択します。すると、アカウントの設定画面が表示されます。

5.3.2 Cookie設定

アカウントの設定画面で「**Cookie設定**」を選択すると、ジンドゥーが使用するタグ、トラッカー、アクセス解析ツールなどの有効／無効を指定できます。少し難しいので、よく分からない方は初期設定のままで使用を続けてください。

5.3.3 ▸ プロフィール

「**プロフィール**」を選択すると、各自のアカウント情報を変更できるようになります。氏名を登録したり、ジンドゥーにログインするときの**パスワード**を変更したりするときは、この設定画面を利用します。

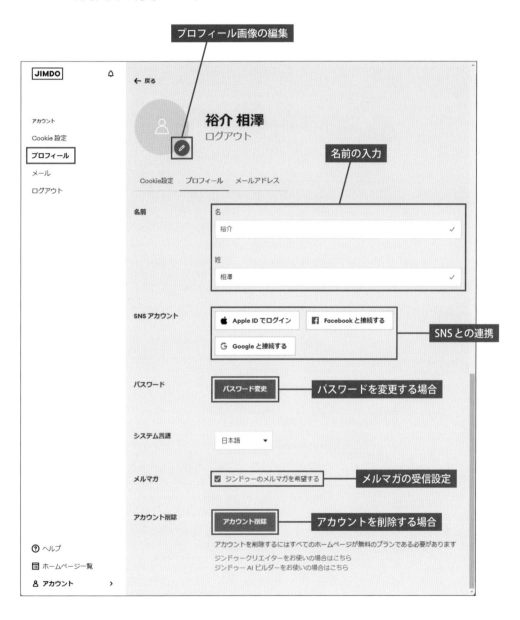

5.3.4 ▸ メールアドレス

アカウントの登録時に入力したメールアドレスに加えて、**別のメールアドレスを追加登録**することも可能です。メールアドレスを追加するときは、以下のように操作します。

　すると、追加したメールアドレス宛に以下のようなメールが届きます。このメール内にある「確定する」をクリックすると、メールアドレスの追加が完了します。

　メールアドレスを追加すると、「**フォーム**」から送信されたメッセージを受信するメールアドレスを選択できるようになります。訪問者からのメッセージを別のメールアドレスで管理したい場合などに活用してください。

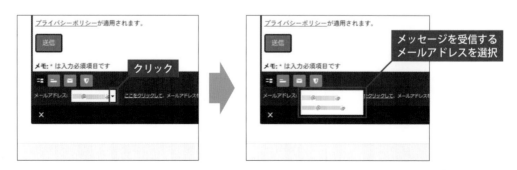

5.4 プランのアップグレード

最後に、ホームページを「PROプラン」や「BUSINESSプラン」にアップグレードするときの操作手順を簡単に紹介しておきます。

5.4.1 ホームページのアップグレード手順

本書のP6～7でも紹介したように、ホームページを**PRO**プランや**BUSINESS**プランに**アップグレード**すると、より充実した環境でホームページを作成できるようになります。FREEプランで作成したホームページをそのまま有料プランにアップグレードするときは、以下のように操作します。

1 ホームページの編集画面を開き、右上にある「アップグレード」をクリックします。

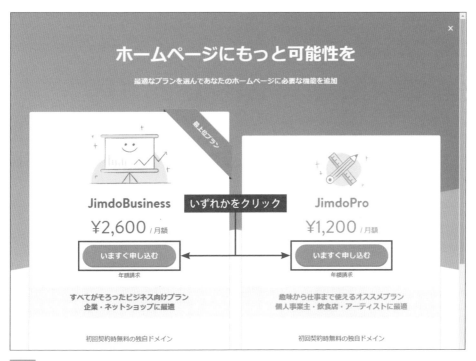

2 契約するプランの「いますぐ申し込む」ボタンをクリックします。

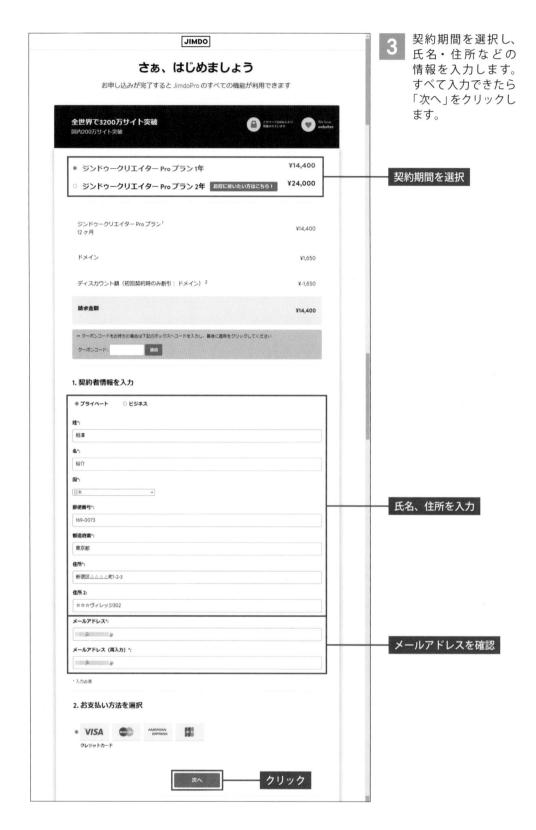

契約期間を選択し、氏名・住所などの情報を入力します。すべて入力できたら「次へ」をクリックします。

契約期間を選択

氏名、住所を入力

メールアドレスを確認

クリック

以降の作業は、入力内容を確認し、クレジットカード情報を入力するだけです。これで、すぐに「PRO プラン」や「BUSINESS プラン」にアップグレードできます。**独自ドメイン**や**アクセス解析**などを導入したい方は、ぜひ挑戦してみてください。

FAQ、お問い合わせについて

　ジンドゥークリエイターのFAQや各機能の利用方法、問い合わせ方法などのサポート情報は、以下のURLにアクセスすると参照できます。

■ ジンドゥークリエイターサポートセンター
https://help.jimdo.com/hc/ja

執筆陣が講師を務めるセミナー、新刊書籍をご案内します。

詳細はこちらから

https://www.cutt.co.jp/seminar/book/

ジンドゥー（Jimdo）で
はじめてのホームページ制作　2023年版

2023年7月10日　初版第1刷発行

著　者　　相澤 裕介
監　修　　株式会社KDDIウェブコミュニケーションズ
発行人　　石塚 勝敏
発　行　　株式会社 カットシステム
　　　　　〒169-0073 東京都新宿区百人町4-9-7　新宿ユーエストビル8F
　　　　　TEL　（03）5348-3850　　FAX　（03）5348-3851
　　　　　URL　https://www.cutt.co.jp/
　　　　　振替　00130-6-17174
印　刷　　シナノ書籍印刷 株式会社

Cover design *Y. Yamaguchi*　　　　　　　Copyright©2023　相澤 裕介
Printed in Japan　　ISBN 978-4-87783-534-7